◆新数学講座◆

常微分方程式

高野恭一
［著］

朝倉書店

本書は，新数学講座 第6巻『常微分方程式』（1994年刊行）
を再刊行したものです．

まえがき

本書は大学理工系学部の専門課程の学生を対象に 1 変数の微分方程式すなわち常微分方程式について解説したものである．前半部（第 2 章，第 3 章）は微分方程式の講義で普通行われる常微分方程式の入門的内容を含み，後半部（第 4 章，第 5 章）は関数論の中で講義されることの多い 1 変数特殊関数論の一部を含む．

常微分方程式の本に読者が求めるものは，本書の前半部で述べるような入門的なものを除けば，力学系，安定性，境界値問題，複素領域における微分方程式などであろう．外国にはこれら多くの分野を 1 冊の中で論じた名著があるが，いずれも大部な書物である．この講座で予定されているページ数の中で同じことをするのは著者の手に余る．そこで本書では，入門的部分を別にすれば，複素領域における微分方程式しかも線形のものに議論の対象をしぼったことをお断りしておく．

ここ十数年の間に，複素領域における微分方程式の研究は 2 つの点で目覚ましい発展をとげた．ひとつはパンルヴェの微分方程式とその多変数への一般化であるガルニエの微分方程式系という特殊な非線形微分方程式に関してである．これについては最近出版された "From Gauss to Painlevé" という意欲的な書物で知ることができる．(これにはガウスの超幾何微分方程式あるいはその解の総称であるガウスの超幾何関数についての優れた解説もある．) もう一つは多変数の超幾何微分方程式あるいは超幾何関数についてである．ガウスの超幾何微分方程式や合流型超幾何微分方程式の多変数への拡張はこれまでもあったが，最近定式化されたものはかつてのものとはまったく異なる単純明快なものである．これがいかに魅力ある優れたものであるかは，新しい定義が提出されてからの短期間に多変数超幾何関数論が長足の進歩をしたこと，また多変数合流型超幾何関数にまで研究が進んでいることから窺える．もちろん今の定式化も，さらに優れたものの一部分となるときが来るかもしれないが．

複素領域における微分方程式のこのような状況特に合流型を含む多変数超幾何微分方程式をめぐる状況を考え，本書はその後半部で，そもそもの出発点である古典的な1変数の超幾何微分方程式についての解説を試みることにした．前半部は常微分方程式全般の入門的内容を扱った部分であるが，その中に複素領域における線形微分方程式の解の解析接続も含めるなど，後半部とのつながりがスムーズになるようにした．

以下本書の内容を簡単に説明する．全体に例を重視し，例を通じて一般論がおのずと理解できるようにしたいと考えた．第1章では微分方程式がどのような場面で登場しどのような威力を発揮するのかをみようとした．§1ではいわゆる2体問題を解いてみた．初等的ではあるが，ニュートンの解法は見事である．§2では水素原子のエネルギー準位の決定をとりあげた．ここでは1変数の合流型を含む超幾何関数が本質的役割を果たす．

第2章以下が本論である．第2章ではいわゆる基礎定理（解の存在と単独性，解の初期値やパラメータに関する連続性や微分可能性など）を与える．各定理を正確に理解することが大事である．読者の目的によっては証明は省略してもよい．第3章は線形常微分方程式の一般論にあてられる．定数係数の線形微分方程式の解法も与える．ただ本書では演算子法にはふれなかった．係数が複素領域で正則な斉次線形微分方程式のモノドロミー表現をこの章で定義した．第4章が1変数の超幾何微分方程式およびその一般化であるフックス型微分方程式を解説する章である．§12でガウスの超幾何微分方程式についてかなりくわしく調べる．ガウスの微分方程式は実に多様な側面をもっていてとてもすべてに言及することはできないので，微分方程式の立場からの議論に限定した．本章の他の節ではフックス型微分方程式の局所理論と大域理論の説明をする．パンルヴェの微分方程式がモノドロミー保存変形の方程式であることも証明ぬきで述べた．第5章の対象は合流型超幾何微分方程式である．§16でベッセルの微分方程式についてくわしい説明をした．合流型超幾何微分方程式は不確定特異点をもつ．そして不確定特異点においては一般に形式解が発散しストークス現象が起こる．形式解に漸近展開される真の解（漸近解）が存在することおよびストークス現象とは何かをストークス係数を計算しながらくわしく観察する．本章の他の節では不確定特異点の局所理論を解説する．漸近解の存在角領域および単独性または不定性については，正確なことがあまり知られていないように思うのでくわしく説明した．局所理論にきわめて有効な福原の方法による証明を与えるつもりであったが，ここまでの説明が冗長に過ぎたのか紙数が尽きてしまい，割愛せざるをえなかった．最後に一般の場合のストークス現象とストークス係数の説明をする．

以上が本書の大体の内容である．内容も手法も古典的であるが，複素領域における線形微分方程式の基本的概念であるモノドロミー群やストークス現象の説明をくわしくしたのが特徴といえようか．本書は理工系学部の学生を主な対象としているが，この方面に興味をもつ微分方程式の専門家以外の多くの方にも読まれることを希望している．

本書の執筆にあたり，お茶の水女子大学の真島秀行教授から多くの有益な助言を頂いた．また朝倉書店編集部の方々に大変お世話になった．厚く御礼申し上げる．

1994 年 1 月

高野恭一

目　　次

記　号　表

$\boldsymbol{Z}$　：整数全体
$\boldsymbol{Z}_{>0} := \{m \in \boldsymbol{Z} \mid m > 0\}$,　$\boldsymbol{Z}_{\geq 0} := \{m \in \boldsymbol{Z} \mid m \geq 0\}$,
$\boldsymbol{Z}_{\leq 0} := \{m \in \boldsymbol{Z} \mid m \leq 0\}, \ldots$
$\boldsymbol{R}$　：実数全体のなす体
$\boldsymbol{R}^n$　：n 個の実数からなる縦ベクトル全体のなす $\boldsymbol{R}$ 上の n 次元線形空間
$\boldsymbol{C}$　：複素数 $x + iy$ $(x, y \in \boldsymbol{R},\ i = \sqrt{-1})$ 全体のなす体
$\boldsymbol{C}^n$　：n 個の複素数からなる縦ベクトル全体のなす $\boldsymbol{C}$ 上の n 次元線形空間

実数 $a < a'$ に対して
$[a, a'] := \{x \in \boldsymbol{R} \mid a \leq x \leq a'\}$：閉区間
$(a, a') := \{x \in \boldsymbol{R} \mid a < x < a'\}$：閉区間

複素数 z に対して
$\mathrm{Re}\, z$, $\mathrm{Im}\, z$, $|z|$, $\arg z$, $\overline{z}$　はそれぞれ z の実部，虚部，絶対値，偏角，複素共役を表す．

$x = {}^t(x^0, \ldots, x^{n-1}) \in \boldsymbol{R}^n$ または $w = {}^t(w^0, \ldots, w^{n-1}) \in \boldsymbol{C}^n$ （左肩の t は転置の意味）に対して
$\|x\| := \max\{|x^0|, \ldots, |x^{n-1}|\}$,　$\|w\| := \max\{|w^0|, \ldots, |w^{n-1}|\}$

n 次正方行列 $A = (a^j_k)$ （a^j_k, $j, k = 0, \ldots, n-1$ は A の j 行 k 列成分）に対して
$\|A\| := \max_{0 \leq j \leq n-1} \sum_{k=0}^{n-1} |a^j_k|$

複素 z 平面 $\boldsymbol{C}$ 内の点 a，複素 w 空間 $\boldsymbol{C}^n$ 内の点 b と正定数 r, ρ に対して
$B(a; r) = B_z(a; r) := \{z \in \boldsymbol{C} \mid |z - a| < r\}$：開円板
$B_w(b; \rho) := \{w \in \boldsymbol{C}^n \mid \|w - b\| < \rho\}$：多重開円板

$\underline{\theta} < \overline{\theta}$, $r > 0$ に対して
$S(\underline{\theta}, \overline{\theta}, r) := \{z \in \boldsymbol{C} \mid \underline{\theta} < \arg z < \overline{\theta},\ |z| > r\}$：開角領域
$\overline{S}(\underline{\theta}, \overline{\theta}, r) := \{z \in \boldsymbol{C} \mid \underline{\theta} \leq \arg z \leq \overline{\theta},\ |z| \geq r\}$：閉角領域

$\boldsymbol{C}^n$ 内の集合 B に対して
$\overline{B}$：B の $\boldsymbol{C}^n$ における閉包

$\mathrm{diag}(c^0, \ldots, c^{n-1})$：$(j,j)$ 成分が c^j である対角行列
$E(j,k)$：(j,k) 成分が 1 で他の成分はすべて 0 の正方行列
$GL(n, \boldsymbol{C})$：複素数を成分とする行列式が 0 でない n 次正方行列全体で，行列の積を群演算とする群

n_1 次正方行列 A_1 と n_2 次正方行列 A_2 に対して A_1 と A_2 の直和といわれる (n_1+n_2) 次正方行列を次で定義する．

$$A_1 \bigoplus A_2 := \begin{pmatrix} A_1 & 0 \\ 0 & A_2 \end{pmatrix}$$

X, Y が $\boldsymbol{R}$ または $\boldsymbol{C}$ 上の線形空間で，$f : X \to Y$ が線形写像のとき
$\mathrm{Ker}\, f := \{x \in X \mid f(x) = 0\}, \quad \mathrm{Im}\, f := \{f(x) \in Y \mid x \in X\}$

z を複素変数，b, c を複素定数とするとき
$(z-b)^c := \exp(c \log(z-b))$：べき関数

z を複素変数とするとき
$\delta = \delta_z := zd/dz$：オイラー作用素

$c \in \boldsymbol{C},\ k \in \boldsymbol{Z}_{\geq 0}$ に対して
$(c)_k := c(c+1)\cdots(c+k-1)$　ただし　$(c)_0 := 1$

$c \in \boldsymbol{C}$ に対して
$e(c) := \exp(2\pi i c) \quad (i = \sqrt{-1})$

第1章
序　　論

微分方程式とは，形式的にいえば，未知関数とその導関数および独立変数を含む方程式あるいは連立方程式（方程式系）のことである．ここでは導関数は高階導関数も含むとしておく．未知関数は何個の変数の関数であってもよいが，1つの変数についての導関数だけを含む方程式を**常微分方程式**といい（この場合残りの変数をパラメータということが多い），2つ以上の変数についての偏導関数を含む方程式を**偏微分方程式**という．本書の本論（第2章以下）では常微分方程式を扱う．

本章では微分方程式論の本論にはいる前に，微分方程式とは何か，また微分方程式論においては何が議論されるのかというイメージがもてるように，いくつかの例を考察する．§1 では簡単な2つの常微分方程式と惑星の運動を記述する常微分方程式について考える．§2 ではある偏微分作用素の固有値問題（水素原子のエネルギー準位の決定）を考える．§1 の問題はわれわれの知っている初等関数で処理できるが，§2 の問題は特殊関数といわれる少し高級な関数を用いなければならない．本書の後半で扱う複素領域における微分方程式の重要性を認識していただければ幸いである．

§1.　常微分方程式の例

微分方程式とその理論は，微分法，積分法の発見とともに，特にニュートン力学の誕生とともに登場した．

質量が m の1つの質点がある力を受けて3次元ユークリッド空間 $\boldsymbol{R}^3$ 内

を運動しているとする．空間の正規直交座標を x, y, z で表す．点 (x, y, z) を3次元ベクトルとみて，位置ベクトルという．時刻 t における質点の位置ベクトルを $(x(t), y(t), z(t))$ としたとき，位置ベクトルの t についての微分 $(d/dt)(x(t), y(t), z(t)) := (dx(t)/dt, dy(t)/dt, dz(t)/dt)$ を速度（ベクトル）といい，速度（ベクトル）の t についての微分，すなわち位置ベクトルの2階微分 $(d/dt)^2(x(t), y(t), z(t)) := (d^2x(t)/dt^2, d^2y(t)/dt^2, d^2z(t)/dt^2)$ を加速度（ベクトル）という．ニュートン力学の基本法則は

$$\text{質量} \times \text{加速度} = \text{力}$$

である．

質点が受ける力を F とすると F もベクトルで，その x, y, z 成分をそれぞれ f, g, h とすると，上の基本法則は

$$m\frac{d^2}{dt^2}(x, y, z) = (f, g, h) \tag{1.1}$$

と表される．これを成分ごとに書けば

$$m\frac{d^2x}{dt^2} = f, \quad m\frac{d^2y}{dt^2} = g, \quad m\frac{d^2z}{dt^2} = h \tag{1.2}$$

となる．力 F は一般に時刻 t と質点の位置 (x, y, z) に依存する：$F = F(t, x, y, z)$. t の関数 $x(t), y(t), z(t)$ に対して

$$\begin{aligned} md^2x(t)/dt^2 &= f(t, x(t), y(t), z(t)), \\ md^2y(t)/dt^2 &= g(t, x(t), y(t), z(t)), \\ md^2z(t)/dt^2 &= h(t, x(t), y(t), z(t)) \end{aligned}$$

がある区間 I に属するすべての t について成り立つとき，$(x(t), y(t), z(t))$ は (1.2) の区間 I における**解**であるという．解は無限個あるが，(1.1) の場合には，ある時刻，たとえば $t = t_0$ における位置と速度を与えれば，すなわち，(x^0, y^0, z^0)，(x^1, y^1, z^1) を $\boldsymbol{R}^3$ の点として

$$\begin{aligned} (x(t_0), y(t_0), z(t_0)) &= (x^0, y^0, z^0), \\ \left(\frac{dx}{dt}(t_0), \frac{dy}{dt}(t_0), \frac{dz}{dt}(t_0)\right) &= (x^1, y^1, z^1) \end{aligned} \tag{1.3}$$

をみたすものを考えれば，ただ1つに定まる．ただし，与えられた f, g, h が性質の悪い関数であるときはこの限りではない．(1.3) を**初期条件**という．

$(x(t), y(t), z(t))$ を (1.1) の解とする．t が動いたとき $(x(t), y(t), z(t))$ が空間 $\boldsymbol{R}^3$ 内に，あるいは $(t, x(t), y(t), z(t))$ が空間 $\boldsymbol{R}^4$ 内に描く曲線を**軌道**あるいは**解曲線**という．

例 1.1. 一様な重力場における放物体の運動 最も簡単な例として地上のある高さの所で質量 m の物体，たとえばボールを投げたときの運動を考えよう．地表面を平面と考えて (x, y) 平面とし，この平面に垂直で上向きが正の方向になるように z 軸をとる．このとき，空気の抵抗を無視すれば，ボールが受ける力は z 軸の負の方向に向かう一様な重力で，重力定数を g とすると $(0, 0, -mg)$ であるので，ボールの運動方程式は (1.2) より

$$\frac{d^2x}{dt^2} = 0, \quad \frac{d^2y}{dt^2} = 0, \quad \frac{d^2z}{dt^2} = -g. \tag{1.4}$$

これは未知関数が3個の微分方程式である．この場合は3個の方程式をべつべつに考えることができる．(1.4) を初期条件

$$\begin{aligned} &x(0) = 0, &&y(0) = 0, &&z(0) = h \\ &\frac{dx}{dt}(0) = u, &&\frac{dy}{dt}(0) = 0, &&\frac{dz}{dt}(0) = v \end{aligned} \tag{1.5}$$

のもとで考えよう．ここで $h(> 0), u, v$ は定数とする．

(1.4) より x と y は t の1次式，z は t の2次式であることがわかる．これらがさらに (1.5) をみたすとすると

$$x(t) = ut, \quad y(t) = 0, \quad z(t) = -\frac{g}{2}t^2 + vt + h \tag{1.6}$$

である．(1.6) より $u \neq 0$ のときは，t を消去すると

$$z = -\frac{g}{2u^2}x^2 + \frac{v}{u}x + h, \qquad y = 0$$

となり，これは平面 $y = 0$ の上にのっている放物線である．$u = 0$ のときは

$$z = -\frac{g}{2}t^2 + vt + h, \quad x = 0, \quad y = 0$$

となる．いずれの場合も解曲線は質量 m にはまったく依存しないことがわかる．$u=v=0$ のときは高さ $h(>0)$ の所から自由落下させた運動であり，時刻 $\sqrt{2h/g}$ のとき地表に達する．

このように，ガリレイの落体に関する法則が簡単な微分方程式 (1.4) から容易に導きだされる．

例 1.2. 調和振動　図1のように，水平で滑らかな平面上に左端が固定されたバネがあり，その右端に質量が m の球が付いているとする．バネが球におよぼす力によって球がどのような直線運動をするかを考えよう．

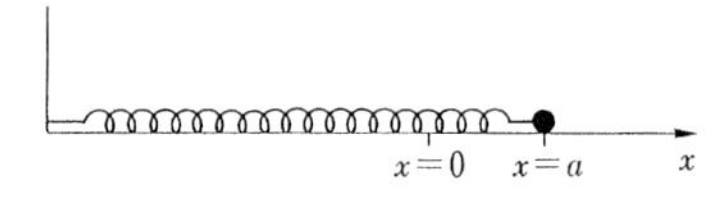

図 1

バネが自然な状態にあるときの球の位置が $x=0$ となるように x 座標をとる．バネがフックの法則に従うとすると，点 x の位置にある球が受ける力は $-kx$ ($k>0$ は定数) であるので，運動方程式は

$$m\frac{d^2x}{dt^2} = -kx \tag{1.7}$$

である．$x=a$ の所に球をおいて自然に放したとすると，初期条件は

$$x(0) = a, \qquad \frac{dx}{dt}(0) = 0 \tag{1.8}$$

である．(1.7) は $x=\cos ht,\ \sin ht\ (h=\sqrt{k/m})$ という解をもつことがわかる．またこの2つの解の線形結合も解であることが確かめられるので，

$$x = c_1\cos ht + c_2\sin ht$$

も (1.7) の解である．これが (1.8) をみたすように c_1, c_2 を決めると $c_1 = a,\ c_2 = 0$ であるので，(1.8) をみたす (1.7) の解は

$$x = a\cos\sqrt{\frac{k}{m}}\,t \tag{1.9}$$

である．これは振幅が $|a|$ で周期が $2\pi\sqrt{m/k}$ の周期運動を表す．このような運動を調和振動という．

上記の 2 例は簡単すぎたかもしれないので，太陽と惑星の重心（太陽のごく近くにあると考えてよい）からみた惑星の運動の例を考えよう．

例 1.3. 中心力場における運動　ある 1 つの惑星と太陽が万有引力に支配されて運動しているとき，太陽と惑星の重心から惑星（あるいは太陽）の運動をみると，初期条件から決まるある平面上を原点からの距離の 2 乗に反比例する引力を受けて運動していることが確かめられる．すなわち，この平面を (x, y) 平面とすると，惑星の位置 $(x(t), y(t))$ は次の微分方程式

$$\frac{d^2x}{dt^2} = -k\frac{x}{r^3}, \quad \frac{d^2y}{dt^2} = -k\frac{y}{r^3} \tag{1.10}$$

によって決まる $(r = \sqrt{x^2 + y^2})$．ここで k は惑星と太陽の質量および万有引力定数から決まる定数である．初期条件を

$$x(0) = x^0,\ y(0) = y^0,\ \frac{dx}{dt}(0) = x^1,\ \frac{dy}{dt}(0) = y^1 \tag{1.11}$$

とする．以下，$x = x(t), y = y(t)$ は (1.11) をみたす (1.10) の解とする．

$$x = r\cos\theta, \quad y = r\sin\theta$$

と極座標表示して，$r = r(t), \theta = \theta(t)$ がみたすべき微分方程式を求めると

$$\frac{d^2r}{dt^2} - r\left(\frac{d\theta}{dt}\right)^2 + \frac{k}{r^2} = 0, \quad \frac{d}{dt}\left(r^2\frac{d\theta}{dt}\right) = 0 \tag{1.12}$$

が得られる．この連立 2 階微分方程式を連立 1 階微分方程式に書き換えるために，従属変数 p_r, p_θ を

$$p_r = \frac{dr}{dt}, \quad p_\theta = r^2\frac{d\theta}{dt} \tag{1.13}$$

により定める（ここで p_r, p_θ の添字は r や θ による偏微分を意味するのではなく，r または θ に対応する変数であることを示していることに注意する）．このとき (1.12) は

$$\begin{aligned} \frac{dr}{dt} &= p_r, & \frac{dp_r}{dt} &= \frac{p_\theta^2}{r^3} - \frac{k}{r^2} \\ \frac{d\theta}{dt} &= \frac{p_\theta}{r^2}, & \frac{dp_\theta}{dt} &= 0 \end{aligned} \tag{1.14}$$

となる．

ここで天下りになるが，r, p_r, θ, p_θ の関数 H を

$$H = \frac{1}{2}\left(p_r^2 + \frac{p_\theta^2}{r^2}\right) - \frac{k}{r} \tag{1.15}$$

によって定義する．この H は実は θ には依存していない．このとき (1.14) は

$$\begin{aligned} \frac{dr}{dt} &= \frac{\partial H}{\partial p_r}, & \frac{dp_r}{dt} &= -\frac{\partial H}{\partial r}, \\ \frac{d\theta}{dt} &= \frac{\partial H}{\partial p_\theta}, & \frac{dp_\theta}{dt} &= -\frac{\partial H}{\partial \theta} \end{aligned} \tag{1.16}$$

と同値である．このような H を考えると都合が良いのは，(1.14) の解 $(r(t), p_r(t), \theta(t), p_\theta(t))$ に対して $H(t) := H(r(t), p_r(t), \theta(t), p_\theta(t))$ が t によらない定数となるからである．これは (1.16) を用いると $dH(t)/dt = 0$ であることより明らかである．H はエネルギーといわれる関数である．

さて $dp_\theta/dt = 0$ より p_θ は定数である．初期条件 (1.11) から決まるこの定数を

$$p_\theta = h \tag{1.17}$$

と表すことにする．さらに，いま述べたように H も初期条件 (1.11) から決まる定数であるのでそれを E とすると $H(r, p_r, \theta, p_\theta) = E$，これは $h \neq 0$ ならば

$$\left(\frac{1}{r} - \frac{k}{h^2}\right)^2 + \frac{p_r^2}{h^2} = \frac{2E}{h^2} + \left(\frac{k}{h^2}\right)^2 \tag{1.18}$$

と書ける．特に

$$-\frac{k^2}{2h^2} \leq E < 0 \tag{1.19}$$

の場合を考えることにしよう．このとき $(1/r, p_r)$ 平面において (1.18) は楕円を表すので，変数 ϕ を導入して (1.18) を

$$\frac{1}{r} - \frac{k}{h^2} = \left(\frac{k}{h^2}\right) e\cos\phi, \quad p_r = \left(\frac{k}{h}\right) e\sin\phi \tag{1.20}$$

と表すことにする．ここで

$$e = \sqrt{1 + (2h^2E/k^2)}. \tag{1.21}$$

(1.20) を t で微分して (1.14) を用いると $d\phi/dt = h/r^2$ が得られる．よって

$$\frac{d\phi}{dt} = \frac{h}{r^2}, \quad \frac{d\theta}{dt} = \frac{h}{r^2}. \tag{1.22}$$

これより $d\phi/d\theta = 1$ となり ϕ と θ の関係は，θ_0 をある定数として，

$$\phi = \theta + \theta_0 \tag{1.23}$$

となる．これを (1.20) の第 1 式に代入すると r と θ の関係式

$$r = \frac{h^2/k}{1 + e\cos(\theta + \theta_0)} \tag{1.24}$$

が得られる．(1.22) より θ は t について単調であり（$h > 0$ ならば単調増大），さらに E についての条件 (1.19) より $0 \leq e < 1$ である．よって (1.24) より軌道は原点を 1 つの焦点とする楕円であることがわかる．e は離心率といわれ，$e = 0$ のときは円である．また楕円の長径 a は

$$a = (h^2/k)/(1 - e^2) \tag{1.25}$$

で与えられる．

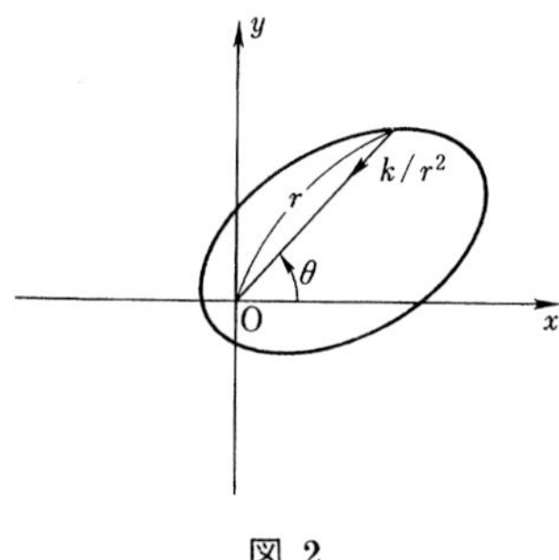

図 2

次にこの楕円軌道の周期 T を計算してみよう．(1.22)，(1.24) を用いると

$$T = \int_0^{2\pi} \frac{dt}{d\theta} d\theta = \frac{h^3}{k^2} \int_0^{2\pi} \frac{d\theta}{(1 + e\cos\theta)^2}.$$

最後の定積分の値は関数論の留数定理を用いれば簡単に求められる．

$$T = 2\pi(h^3/k^2)(1-e^2)^{-3/2}. \tag{1.26}$$

(1.25) と (1.26) より

$$T^2/a^3 = (2\pi)^2/k. \tag{1.27}$$

この右辺は (1.10) に現われる定数 k に依存するが初期条件には依存しない．したがって (1.27) は楕円軌道の周期の 2 乗はその長径の 3 乗に比例することを表している．

例 1.3 は，微分積分法の発見者の 1 人であり，また近代物理学の創始者であるニュートンが，惑星の運動に関するケプラーの法則を，運動の基本法則 (1.1) と万有引力の法則とからまったく数学的に導きだした見事な過程の主要部分を再現したものである．よく知られているように，ケプラーは師のティコ・ブラーエが残した当時としては最良の観測結果を解析し，次のような法則を発見したのであった．

(i) 惑星は太陽を 1 つの焦点とする楕円運動をする．

(ii) 太陽と惑星を結ぶ線分が描く図形の面積の変化率すなわち面積速度は一定である．

(iii) 楕円運動の周期の 2 乗は楕円の長径の 3 乗に比例する．

上の計算でみたようにケプラーの法則は多少の修正はしなければならないが，太陽の質量が惑星の質量に比べ十分に大きければほとんど正しい．(1.24) が (i) に，(1.13) の 2 番目の式と (1.17) が (ii) に，(1.27) が (iii) に対応している．

ニュートン以後，物理法則を記述する微分方程式をどう解くかということが数学および物理学の重要な問題となった．はじめは意味のある物理法則を記述する微分方程式は必ず解くことができると楽観的に考えられていたようであるが，物事はそううまくは進行しなかった．ニュートンが解いてみせた上の問題は 2 体問題といわれるが，たとえば月と地球と太陽が互いの引力に支配されて運動している場合のような 3 体問題はなかなか解くことができなかった（解けるということは大ざっぱにいうとわれわれが知っている関数で解を表せるということである）．結局 19 世紀になって，3 体問題は解けないということがブルンスとポアンカレによって証明されることとなった．

解けない微分方程式があること，むしろ解けないものの方が多いと認識されるようになったことは重要である．解けない微分方程式からどのようにして必要な情報を得るかという問題意識が明確になったからである．

ここまでは与えられた微分方程式を解くことだけを考えてきたが，微分方程式にはそれ以外にも興味あるさまざまな問題がある．

ニュートン以後，数百年という長い歴史のなかで集積されてきた方法と理論の総体が，微分方程式論というものであると思う．本書で扱うのはそのごく一部である．

§2.　偏微分方程式と特殊な常微分方程式の例

2.1.　偏微分方程式

前節でみたように，有限個の質点の運動を考えている限りは常微分方程式しか現われないが，物理量のなかには時刻 t および位置 (x, y, z) に依存し，これらの変数についての偏導関数を含む偏微分方程式をみたすものも数多くある．典型的な例として次のようなものがある．

$$\Delta f = 0 \qquad \text{(ラプラスの方程式)} \tag{2.1}$$

$$\frac{\partial^2 f}{\partial t^2} - \Delta f = 0 \qquad \text{(波動方程式)} \tag{2.2}$$

$$\frac{\partial f}{\partial t} - \Delta f = 0 \qquad \text{(熱伝導・拡散方程式)} \tag{2.3}$$

$$-\Delta f + Uf = Ef \qquad \text{(シュレーディンガーの方程式)}. \tag{2.4}$$

ここで Δ はラプラシアンと呼ばれる微分作用素

$$\frac{\partial^2}{\partial x^2} + \frac{\partial^2}{\partial y^2} + \frac{\partial^2}{\partial z^2}$$

で，Δf は $\partial^2 f/\partial x^2 + \partial^2 f/\partial y^2 + \partial^2 f/\partial z^2$ を表し，U は (x, y, z) の関数，E は定数である．未知関数 f は (2.1)，(2.4) については (x, y, z) の，(2.2)，(2.3) については (t, x, y, z) の関数である．

これらの方程式はどれも f について斉次線形であるので，2 つの解の和も解の定数倍も解，すなわち解全体は線形空間をなす．第 3 章でみるように常微分方程式の場合は斉次線形方程式の解のなす線形空間が有限次元であるのに対して，偏微分方程式の場合は普通は無限次元である．したがって解を定めるためには，常微分方程式の場合とは異なり，いわば無限個の付加条件が必要となる．それを境界条件とか初期条件という．

上のような偏微分方程式の解を，適当な境界条件や初期条件のもとで求めるとき，与えられた $\boldsymbol{R}^3$ または $\boldsymbol{R}^4$ 内の領域が球であったり円筒であったり，その他簡単な形をしている場合には，それに適した変数変換を行い，**変数分離**の方法で解を構成することが多い．変数分離をすると，特殊な線形常微分方程式やその解である**特殊関数**と呼ばれるものが登場する．

微分方程式には**固有値問題**という興味ある問題もある．これに対しても変数分離の方法が用いられ，特殊関数が重要な役割を果たすことがある．この辺りの事情を説明するために，量子力学の初歩の問題である水素原子のエネルギー準位を求める問題を考えてみよう．この節に登場する特殊関数は本書の後半の主要なテーマの1つである．

2.2.　固有値問題——水素原子のエネルギー準位

線形微分作用素 H を

$$H = -\Delta + U \tag{2.5}$$

とする．ここで U は次のような (x, y, z) の関数

$$U = U(x, y, z) = -\frac{k}{r}, \qquad r = \sqrt{x^2 + y^2 + z^2} \tag{2.6}$$

でクーロンポテンシャルといわれるものとする．$k > 0$ は定数である．長さの単位を適当にとって係数を簡単にしているが，H は水素原子のエネルギーといわれる微分作用素である．クーロンポテンシャルは前節の例 1.3 に出てきた万有引力と同様に，距離の2乗に反比例する引力であるクーロン力によるものである．

さて，(2.4) と同じ形の方程式

$$Hf = Ef \tag{2.7}$$

をみたす定数 E と有界な複素数値関数 f で

$$\iiint_{\boldsymbol{R}^3} |f|^2 \, dxdydz < \infty$$

なるものが存在するとき，E を H の**固有値**といい，f を E に属する**固有関数**という．量子力学の原理によれば，H の固有値が水素原子のとりうるエネルギーで，以下にみるように $E < 0$ においてはとびとびの値をとる．

まず (2.7) を

$$\Delta f + \left(E + \frac{k}{r}\right) f = 0 \tag{2.8}$$

と書き，極座標変換

$$x = r\sin\theta\cos\varphi, \quad y = r\sin\theta\sin\varphi, \quad z = r\cos\theta$$

$(r > 0, 0 \leq \theta \leq \pi, 0 \leq \varphi \leq 2\pi)$ をほどこす．Δf は (r, θ, φ) 座標で書けば

$$\Delta f = \frac{1}{r^2}\frac{\partial}{\partial r}\left(r^2 \frac{\partial f}{\partial r}\right) + \frac{1}{r^2 \sin\theta}\frac{\partial}{\partial\theta}\left(\sin\theta\frac{\partial f}{\partial\theta}\right) + \frac{1}{r^2\sin^2\theta}\frac{\partial^2 f}{\partial\varphi^2}$$

である．f が r の関数 $R(r)$ と (θ, φ) の関数 $Y(\theta, \varphi)$ の積 $f = R(r)Y(\theta, \varphi)$ であるとして（このようにおくことを**変数分離**するという），(2.8) に代入して整理すると

$$\begin{aligned} &\frac{1}{R}\left\{\frac{\partial}{\partial r}\left(r^2\frac{\partial R}{\partial r}\right) + r^2\left(E + \frac{k}{r}\right)R\right\} \\ &= -\frac{1}{Y}\left\{\frac{1}{\sin\theta}\frac{\partial}{\partial\theta}\left(\sin\theta\frac{\partial Y}{\partial\theta}\right) + \frac{1}{\sin^2\theta}\frac{\partial^2 Y}{\partial\varphi^2}\right\}. \end{aligned} \tag{2.9}$$

この左辺は (θ, φ) に依存せず，右辺は r に依存しないので，両辺は r, θ, φ のどれにも依存しない定数であることがわかる．この定数を c とすると

$$\frac{1}{r^2}\frac{d}{dr}\left(r^2\frac{dR}{dr}\right) + \left(E + \frac{k}{r} - \frac{c}{r^2}\right)R = 0, \tag{2.10}$$

$$\frac{1}{\sin\theta}\frac{\partial}{\partial\theta}\left(\sin\theta\frac{\partial Y}{\partial\theta}\right) + \frac{1}{\sin^2\theta}\frac{\partial^2 Y}{\partial\varphi^2} + cY = 0. \tag{2.11}$$

(2.11) において Y をさらに

$$Y = \Theta(\theta)\Phi(\varphi)$$

と変数分離すると

$$\frac{1}{\Theta}\left\{\sin\theta\frac{\partial}{\partial\theta}\left(\sin\theta\frac{\partial\Theta}{\partial\theta}\right)+c(\sin^2\theta)\Theta\right\} = -\frac{1}{\Phi}\frac{\partial^2\Phi}{\partial\varphi^2}. \tag{2.12}$$

上と同様の理由で，(2.12) の両辺はある定数 c' でなければならないので

$$\sin\theta\frac{d}{d\theta}\left(\sin\theta\frac{d\Theta}{d\theta}\right)+\left(c\sin^2\theta - c'\right)\Theta = 0, \tag{2.13}$$

$$\frac{d^2\Phi}{d\varphi^2}+c'\Phi = 0. \tag{2.14}$$

(2.14) は §9 でくわしく扱う定数係数の斉次線形微分方程式で，$c' \neq 0$ ならば $c'' = \sqrt{c'}$ とすると $e^{ic''\varphi}$, $e^{-ic''\varphi}$ $(i = \sqrt{-1})$ という線形独立な 2 つの解をもち，$c' = 0$ ならば $1, \varphi$ という線形独立な 2 つの解をもつ．ところで $\Phi(\varphi)$ は $\Phi(\varphi + 2\pi) = \Phi(\varphi)$ をみたさなければならない．したがって c'' は整数すなわち定数 c' は

$$c' = m^2 \tag{2.15}$$

でなければならない $(m \in \boldsymbol{Z})$．このとき (2.14) は $m \neq 0$ ならば 2 つの線形独立な周期 2π の周期関数解

$$\Phi = e^{im\varphi}, e^{-im\varphi} \tag{2.16}$$

を，$m = 0$ ならば 1 つの周期関数解 1 をもつ $(i = \sqrt{-1})$．

次に (2.15) を (2.13) に代入する．ところで

$$\Theta(\theta) = u(\cos\theta) \tag{2.17}$$

であるとし，$\sin\theta\,(d\Theta/d\theta) = -(1-s^2)(du/ds)$, $(s = \cos\theta)$ に注意すると (2.13) は

$$\frac{d^2u}{ds^2} - \frac{2s}{1-s^2}\frac{du}{ds} + \left\{\frac{c}{1-s^2} - \frac{m^2}{(1-s^2)^2}\right\}u = 0 \tag{2.18}$$

となる．$-1 \le \cos\theta \le 1$ であるので，u は s については区間 $[-1,+1]$ においてのみ定義されていればよいが，実は (2.18) は 3 点 $s=\pm 1$ と $s=\infty$ にのみ**確定特異点**をもつリーマン球面 $\boldsymbol{P}=\boldsymbol{C}\cup\{\infty\}$ 上の**フックス型微分方程式**で，どの解も $\boldsymbol{P}-\{1,-1,\infty\}=\boldsymbol{C}-\{1,-1\}$ において関数論の意味で正則である．このような方程式は**ガウスの超幾何微分方程式**と同値で，その解は**ガウスの超幾何関数**を用いて表すことができ，非常にくわしいことがわかる（第 4 章で解説する）．(2.18) の場合，$s=\pm 1$ における**特性べき数**（といわれるもの）はともに $\pm m/2$ である．すなわち，たとえば $s=1$ の近くの解は $(1-s)^{m/2}, (1-s)^{-m/2}$ のようにふるまう 2 つの解の線形結合である．そこで

$$u=(1-s^2)^{|m|/2}v \tag{2.19}$$

という変換をすると，(2.18) は

$$\frac{d^2v}{ds^2}-\frac{2(|m|+1)s}{1-s^2}\frac{dv}{ds}+\frac{c-m^2-|m|}{1-s^2}v=0 \tag{2.20}$$

となる．この $s=\pm 1$ における特性べき数はともに $0,-|m|$ であるので，$s=1,-1$ の近くでそれぞれ $v=a+O(s-1), v=b+O(s+1)$ (a,b は 0 でない定数) のようにふるまう解が存在するということが，$0\le\theta\le\pi$ において有界な (2.13) の解 $\Theta(\theta)$ が存在するための条件になる．(2.20) に対する**接続問題**（ここでは $s=1$ における解と $s=-1$ における解の関係式を求める問題）を解くと，上の条件は (2.20) が多項式解をもつ場合にのみみたされることがわかり，その条件は

$$c=l(l+1), \qquad l\in\boldsymbol{Z}_{\ge 0}, \quad l\ge |m| \tag{2.21}$$

であることがわかる．このときの多項式解を (2.19) に代入したものは

$$P_l^{|m|}(s):=\frac{1}{2^l l!}(1-s^2)^{|m|/2}\frac{d^{l+|m|}(s^2-1)^l}{ds^{l+|m|}} \tag{2.22}$$

である．したがって

$$Y=Y_{l,m}(\theta,\varphi):=P_l^{|m|}(\cos\theta)e^{im\varphi}, \qquad l\ge |m| \tag{2.23}$$

が (2.21) のときの (2.11) の解である．

最後に，(2.21) を (2.10) に代入したとき，有界で $\int_0^\infty |R(r)|^2 r^2 dr < \infty$ ($dxdydz = r^2 \sin\theta dr d\theta d\varphi$ に注意) をみたす (2.10) の解が存在するための定数 E を求める．以下

$$E < 0 \tag{2.24}$$

とする．独立変数の変換

$$s = 2\sqrt{-E}r \tag{2.25}$$

により (2.10) は

$$\frac{d^2R}{ds^2} + \frac{2}{s}\frac{dR}{ds} + \left(-\frac{1}{4} + \frac{k}{2\sqrt{-E}}\frac{1}{s} - \frac{l(l+1)}{s^2}\right)R = 0 \tag{2.26}$$

となる．さらに

$$R = e^{-s/2}s^l w \tag{2.27}$$

により

$$s\frac{d^2w}{ds^2} + (2l+2-s)\frac{dw}{ds} - (l+1-\eta)w = 0. \tag{2.28}$$

ただし $\eta = k/(2\sqrt{-E})$ とおいた．これは**クンマーの合流型超幾何微分方程式**

$$s\frac{d^2w}{ds^2} + (\gamma - s)\frac{dw}{ds} - \alpha w = 0 \tag{2.29}$$

(α, γは定数) において，$\alpha = l+1-\eta, \gamma = 2l+2$ とおいた場合である．(2.29) は $s = 0$ に特性べき数が $0, -2l-1$ の**確定特異点**をもち，$s = \infty$ において**不確定特異点**といわれる特異点をもつ．$s = \infty$ においては $s^{-\alpha}$, $e^s s^{-(\gamma-\alpha)}$ のようにふるまう解をもつ．

$s = 0$ において s^{-2l-1} のようにふるまう (2.28) の解 w をとると，R は $e^{-s/2}s^{-l-1}$ のようにふるまうので $s = 0$ の近くで有界でない．したがって (2.28) の解としては，$s = 0$ の近くで $1 + O(s)$ のようにふるまう解をとらなければならない．これは，全複素平面において収束する (2.29) のべき級数解

$$F(\alpha, \gamma; s) = \sum_{j=0}^{\infty} \frac{\alpha(\alpha+1)\cdots(\alpha+j-1)}{\gamma(\gamma+1)\cdots(\gamma+j-1)j!}s^j \tag{2.30}$$

を用いれば，$F(l+1-\eta, 2l+2; s)$ と表せる．ところで $F(\alpha, \gamma; s)$ は多項式とならない限り，$s \to \infty (s > 0)$ のとき $e^s s^{\alpha-\gamma}$ のようにふるまうことが知られている．よって $R(s) \sim e^{s/2} s^{-\eta-1} (s \to \infty, s > 0)$ であり，これは有界でない．したがって，上の級数が多項式になる場合に条件をみたす R が存在するのであって，それは $\alpha = l + 1 - \eta$ が 0 または負の整数 $-n'$ の場合である．$\eta = k/(2\sqrt{-E})$ に注意すると

$$E = -\left(\frac{k}{2}\right)^2 \frac{1}{(l+1+n')^2}, \qquad n' \in \boldsymbol{Z}_{\geq 0}.$$

よって

$$E_n := -\left(\frac{k}{2}\right)^2 \frac{1}{n^2}, \qquad n \in \boldsymbol{Z}_{>0}, \tag{2.31}$$

$$R_{nl}(s) := e^{-s/2} s^l F(l+1-n, 2l+2; s), \qquad n > l \geq 0, \quad n, l \in \boldsymbol{Z} \tag{2.32}$$

($F(l+1-n, 2l+2; s)$ は $(n-l-1)$ 次多項式）とすると，任意の $n \in \boldsymbol{Z}_{>0}$ に対して $E_n < 0$ は H の固有値で

$$R_{nl}(2\sqrt{-E_n}r) P_l^{|m|}(\cos\theta) e^{im\varphi}, \quad l, m \in \boldsymbol{Z},\ n > l \geq |m| \geq 0$$

が E_n に属する線形独立な固有関数である．E_n に属する独立な固有関数の個数は

$$\sum_{l=0}^{n-1} (2l+1) = n^2$$

であることがわかる．最小の固有値は $E_1 = -(k/2)^2$ で，$n \to \infty$ のとき $E_n \to 0$ である．

ガウスの超幾何微分方程式やクンマーの合流型超幾何微分方程式が登場する一場面を紹介した．これらはもっと多くの重要な場面で現われる．上の例でもこれらの方程式は複素領域で考えた方が良いこと，また特異点におけるふるまいと接続問題の重要性がわかったことと思う．

問 題 1

1. 例1.3において，極座標 (r,θ) が (1.24) の関係にあるならば (ただし $0 \leq e < 1$)，それは長径が (1.25) の楕円を表すことを確かめよ．

2. 例1.3において楕円運動の周期 T を求めるとき必要であった次の定積分

$$\int_0^{2\pi} \frac{1}{(1+e\cos\theta)^2}\,d\theta$$

の値を求めよ．

3. 平面における極座標変換：$x = r\cos\theta,\ y = r\sin\theta$ により

$$\Delta f = \partial^2 f/\partial x^2 + \partial^2 f/\partial y^2$$

を r と θ を用いて書き表すとどうなるか．

4. 空間における極座標変換：$x = r\sin\theta\cos\varphi,\ y = r\sin\theta\sin\varphi,\ z = r\cos\theta$ により

$$\Delta f = \partial^2 f/\partial x^2 + \partial^2 f/\partial y^2 + \partial^2 f/\partial z^2$$

を r, θ, φ を用いて表すと，§2 で与えたものになることを確かめよ．

第 2 章

基 礎 定 理

これより本論にはいる．以下，常微分方程式のことを単に微分方程式という．

微分方程式を考えるときまず問題となるのは，与えられた初期条件をみたす解が存在するか それはただ 1 つであるかということであり，次に解が初期値や方程式に含まれるパラメータについて連続か，さらに微分可能かということである．これらに関する一般的定理を微分方程式の基礎定理という．この章では基礎定理の説明をする．

最後の節（§8）以外では実変数の（すなわち独立変数が実数の）微分方程式を扱う．従属変数が複素数の場合は，それを実部と虚部に分ければ従属変数も実数の連立微分方程式となる．よって従属変数も実数とする．

§8 で複素解析的微分方程式に関する基礎定理を与える．解の存在と単独性のほかに，解の解析接続が解であること，線形の場合にはどの解も係数が正則である領域内の任意の連続曲線に沿って解析接続可能であることを示す．これは本書の後半部分（第 4 章，第 5 章）を読むときには常に意識しておくべき重要な事実である．

§3. 用語と記号の準備

どんな形の微分方程式について解の存在などを考えれば理論上また応用上十分だろうか．われわれは §1 の例 1.3 の中で，未知関数 r, θ に関する連立微分方程式 (1.12) が (1.13) のように新しい未知関数 p_r, p_θ を導入することにより (1.14) のように r, p_r, θ, p_θ に関する連立 1 階微分方程式になることをみた．これから類推されるように，未知関数が有限個でそれらの有限階導関数を含む連立微分方程式は，適当に未知関数を増やしてやることにより連立1階微分方程式と同値になる．われわれは，さらにこれが (1.14) のように1階導関数について（少なくとも局所的に）解けると仮定してもよいだろう．そこで考える方程式は

$$\frac{dx^j}{dt} = f^j(t, x^0, x^1, \ldots, x^{n-1}), \qquad 0 \leq j \leq n-1 \tag{3.1}$$

という形の連立微分方程式とする．右辺の関数がパラメータ $u^1, u^2, \ldots, u^m$ を含んでいて，そのパラメータへの依存性を考えるときには

$$\frac{dx^j}{dt} = f^j(t, x^0, x^1, \ldots, x^{n-1}, u^1, u^2 \ldots, u^m), \quad 0 \leq j \leq n-1 \tag{3.2}$$

という形のものを考えることになる．t は独立変数，$x^0, x^1, \ldots, x^{n-1}$ は従属変数である．はじめは t も $x^0, x^1, \ldots, x^{n-1}$ も実数で $f^0, f^1, \ldots, f^{n-1}$ は実数値関数の場合を考える．式の表示を簡明にするために，以下では $x = {}^t(x^0, x^1, \ldots, x^{n-1})$，$f = {}^t(f^0, f^1, \ldots, f^{n-1})$，$u = {}^t(u^1, u^2, \ldots, u^m)$ とおいて，(3.1)，(3.2) をそれぞれ

$$\frac{dx}{dt} = f(t, x) \tag{3.3}$$

$$\frac{dx}{dt} = f(t, x, u) \tag{3.4}$$

とベクトル表示することにする．x, f, u は縦ベクトルである．

定義 3.1. $x = x(t)$ **が区間** I **における微分方程式** (3.3) **の解**であるとは，区間 I において

$$\frac{dx(t)}{dt} = f(t, x(t)) \tag{3.5}$$

が（すなわち各 j について $dx^j(t)/dt = f^j(t, x(t))$ が）t の関数として恒等的に成り立つこととする．ただし，区間 I の左端 a が閉じているときには，(3.5) の左辺の $t = a$ における微分は a における右微分 $(D^+x)(a) =$

$\lim_{h\to+0}[x(a+h)-x(a)]/h$ の意味とする．同様に，I の右端 a' が閉じているときは左微分 $(D^-x)(a')=\lim_{h\to-0}[x(a'+h)-x(a')]/h$ の意味とする．

定義 3.2. $x=x(t)$ が点 (a,b) **を通る** (3.3) **の解**であるとは，a を含むある区間 I で定義され

$$x(a)=b \tag{3.6}$$

をみたす (3.3) の解であるということである．(3.6) は**初期条件**といわれる．

ベクトル空間 $\boldsymbol{R}^n$ の**ノルム**を 1 つ定めておこう．ノルム $\|\cdot\|$ とは，すべての $x={}^t(x^0,\ldots,x^{n-1})\in\boldsymbol{R}^n$ に対して正または 0 の値 $\|x\|$ を対応させるもので

$$\begin{aligned}\|x\|=&0\Longleftrightarrow x=0\\ \|\alpha x\|=&|\alpha|\|x\| \qquad (x\in\boldsymbol{R}^n,\alpha\in\boldsymbol{R})\\ \|x+y\|\le&\|x\|+\|y\| \qquad (x,y\in\boldsymbol{R}^n)\end{aligned}\tag{3.7}$$

をみたすものである．最後の不等式は 3 角不等式といわれる．

問 3.1. ノルムに関する 3 角不等式から次の不等式を導け．

$$|\|x\|-\|y\||\le\|x-y\| \qquad (x,y\in\boldsymbol{R}^n). \tag{3.8}$$

$\boldsymbol{R}^n$ のノルムの選び方には,普通のユークリッドノルム $\sqrt{(x^0)^2+\cdots+(x^{n-1})^2}$ や，それに同値なものが多数ある．本書ではその中で成分の絶対値の最大のもの，すなわち

$$\|x\|=\max\left\{|x^0|,|x^1|,\ldots,|x^{n-1}|\right\} \tag{3.9}$$

を選ぶことにする．

問 3.2. (3.9) で定義された $\|\cdot\|$ がノルムの性質 (3.7) をもつことを確かめよ．

補題 3.1. $f(t)$ が閉区間 I で定義された連続なベクトル値関数 $f:I\to\boldsymbol{R}^n$ とする．このとき

$$\left\|\int_I f(t)dt\right\|\le\int_I\|f(t)\|dt. \tag{3.10}$$

問 3.3.　この補題を証明せよ．

A を n 次実正方行列とする，すなわち A をベクトル空間 $\boldsymbol{R}^n$ からそれ自身への線形写像とする．A の**作用素ノルム** $\|A\|$ を

$$\|A\| := \sup_{x \neq 0} \frac{\|Ax\|}{\|x\|} = \sup_{\|x\|=1} \|Ax\| \tag{3.11}$$

と定義する．A の (j,k) 成分を a_k^j $(j,k = 0,1,\cdots,n-1)$ とすれば $\boldsymbol{R}^n$ のノルムを (3.9) で定めた場合には

$$\|A\| = \max_{0 \leq j \leq n-1} \sum_{k=0}^{n-1} |a_k^j| \tag{3.12}$$

となる．また任意の $x \in \boldsymbol{R}^n$ に対して

$$\|Ax\| \leq \|A\|\|x\| \tag{3.13}$$

が，さらに任意の n 次正方行列 A, B に対して

$$\|A+B\| \leq \|A\| + \|B\|, \quad \|AB\| \leq \|A\|\|B\| \tag{3.14}$$

が確かめられる．

問 3.4.　(3.12)，(3.13)，(3,14) を証明せよ．

§4.　解の存在と単独性

初期条件 (3.6) のもとでの微分方程式 (3.3) の解の局所的存在と単独性を考える．解の存在と単独性とは理論的には異なる問題でべつべつに論ずべきであるが，応用上は存在と単独性を同時に保証する十分条件でたいてい間に合うので，本書ではそれで満足することにする．

ピカールの定理（定理 4.1）が本節の主定理である．実際に使用するときは定理 4.5 が便利であろう．定理 4.1 を証明するとき用いるピカールの逐次近似法は近似解を作る 1 つの方法であることに注意しておく．ピカールの定理の証明における評価をもじって得られるリンデレーフの定理（定理 4.2）を与えた

のは，線形微分方程式の解が係数の連続な区間全体で存在するという重要な事実（定理 4.3）をそれによって示すことができるからである．定理 4.3 の別証明は次節でも与える．なお §6 で初期値に関する連続性を証明するときに必要であるので，解の存在だけを保証するコーシーの存在定理（定理 4.6）にも本節の最後にふれておく．

定理 4.1. （ピカールの定理） $f(t,x)$ が $\boldsymbol{R}^{n+1}$ 内の有界閉領域

$$E = \{(t,x) \in \boldsymbol{R}^{n+1} \mid |t-a| \leq r, \|x-b\| \leq \rho\}$$

において連続であるとする．f はさらに次の条件（**リプシッツ条件**という）をみたすとする，すなわちある正の定数 L （**リプシッツ定数**という）が存在して

$$\|f(t,x) - f(t,y)\| \leq L\|x-y\|, \qquad ((t,x),(t,y) \in E)$$

が成り立つとする．

このとき，(a,b) を通る (3.3) の解が区間 $I' = [a-r', a+r']$ においてただ 1 つ存在する．ここで

$$r' = \min\{r, \frac{\rho}{M}\},$$
$$M = \max_{(t,x)\in E} \|f(t,x)\|.$$

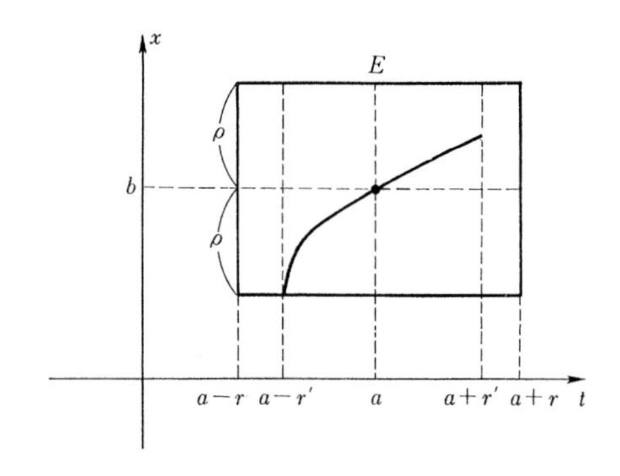

図 3

注意 4.1. 上の定理で“ただ1つ存在する”という意味は正確にいえば次の通りである．(i) (a,b) を通る区間 I' における解 $x=x(t)$ が存在すること，(ii) (a,b) を通る任意の解 $x=y(t)$（その定義区間を J とする）に対して $y(t)$ と $x(t)$ が共通区間 $J\cap I'$ において恒等的に一致する．

証明 解の存在について：まず (3.3)，(3.6) は次の積分方程式

$$x(t)=b+\int_a^t f(s,x(s))\,ds \tag{4.1}$$

と同値であることに注意する．この方程式が区間 I' において連続な解をもつことをいえばよい．これをわれわれはピカールの**逐次近似法**を用いて示す．

$x_0(t)$ を $\|x_0(t)-b\|\leq\rho$ $(t\in I')$ をみたす任意の（ベクトル値）連続関数とする．$x_0(t)$ から始めて無限関数列 $x_1(t),x_2(t),\ldots,x_m(t),\ldots$ を逐次以下のようにして決めていく．

$$x_1(t)=b+\int_a^t f(s,x_0(s))ds,\qquad t\in I',$$
$$\vdots$$
$$x_m(t)=b+\int_a^t f(s,x_{m-1}(s))ds,\qquad t\in I',$$
$$\vdots$$

このようにして得られた関数列 $\{x_m(t)\}_{m=0}^{\infty}$ が I' において一様収束し，その極限関数が求める解となるというのが証明の方針である．確かめるべきことは，関数列が定義されること，一様収束すること，極限関数が (4.1) の解であることである．

関数列が定義できることをみよう．$(t,x_0(t))$ $(t\in I')$ が f の定義域 E にあることより $x_1(t)$ $(t\in I')$ は定義される．$x_2(t)$ が定義されるためには $\|x_1(t)-b\|\leq\rho$ $(t\in I')$ をいうことができれば十分である．それは補題3.1と定理の仮定および r' の定義から次のように示される．

$$\begin{aligned}\|x_1(t)-b\| &\leq \left|\int_a^t \|f(x,x_0(s))\|ds\right|\\ &\leq M|t-a|\leq Mr'\leq\rho.\end{aligned}$$

以下帰納法によりすべての m について $\|x_m(t)-b\| \leq \rho \ (t \in I')$ であることがいえる．

一様収束すること：$\|x_m(t)-x_{m-1}(t)\|$ の評価をする．まず $t \in I'$ に対して

$$\begin{aligned}\|x_1(t)-x_0(t)\| \leq& \|x_0(t)-b\| + \left|\int_a^t \|f(s,x_0(s))\|ds\right| \\ \leq& \rho + M|t-a|.\end{aligned}$$

次にリプシッツ条件といま示した不等式を用いて

$$\begin{aligned}\|x_2(t)-x_1(t)\| &= \left\|\int_a^t [f(s,x_1(s))-f(s,x_0(s))]ds\right\| \\ &\leq \left|\int_a^t \|f(s,x_1(s))-f(s,x_0(s))\|ds\right| \\ &\leq \left|\int_a^t L\|x_1(s)-x_0(s)\|ds\right| \\ &\leq \left|\int_a^t L(\rho+M|s-a|)ds\right| = \rho L|t-a| + ML\frac{|t-a|^2}{2}\end{aligned}$$

が得られる．以下，帰納法により

$$\|x_m(t)-x_{m-1}(t)\| \leq \rho L^{m-1}\frac{|t-a|^{m-1}}{(m-1)!} + ML^{m-1}\frac{|t-a|^m}{m!}$$

が示され，これより

$$\|x_m(t)-x_{m-1}(t)\| \leq \rho\frac{(Lr')^{m-1}}{(m-1)!} + \frac{M}{L}\frac{(Lr')^m}{m!}, \tag{4.2}$$

$t \in I', m \geq 1$ が得られる．よって

$$\sum_{m=1}^{\infty} \|x_m(t)-x_{m-1}(t)\| \leq \left(\rho + \frac{M}{L}\right)\exp(Lr'),$$

したがって

$$x_m(t) = x_0(t) + \sum_{k=1}^{m}(x_k(t)-x_{k-1}(t))$$

は $m \to \infty$ のとき I' において一様収束する．その極限関数を $x(t)$ とする．

$x(t)$ が解であること：

$$x_m(t) = b + \int_a^t f(s, x_{m-1}(s))ds$$

において各 $t \in I'$ に対して $m \to \infty$ としたとき，左辺は $x(t)$ に収束する．また，f の連続性と，$m \to \infty$ のとき $x_m(s)$ が $x(s)$ に $[a, t]$ において一様収束することより，$f(s, x_m(s))$ は $f(s, x(s))$ に $[a, t]$ において一様収束する．よって右辺は $m \to \infty$ のとき $\int_a^t f(s, x(s))ds$ に収束する．したがって (4.1) が各 $t \in I'$ について成り立つ．以上で解の存在が示された．

解の単独性について：　$y(t)$ を区間 $J \subset [a - r, a + r]\,(a \in J)$ で定義された (4.1) の任意の解とする．

$$y(t) = b + \int_a^t f(s, y(s))\, ds, \qquad t \in J.$$

これと $x_m(t)$ との差をとると，$t \in I' \cap J$ に対して

$$\begin{aligned}\|x_m(t) - y(t)\| &= \left\| \int_a^t [f(s, x_{m-1}(s)) - f(s, y(s))]\, ds \right\| \\ &\le \left| \int_a^t \|f(s, x_{m-1}) - f(s, y(s))\|\, ds \right| \\ &\le \left| \int_a^t L\|x_{m-1}(s) - y(s)\|\, ds \right|\end{aligned}$$

ここで補題 3.1 とリプシッツ条件を用いた．ところで

$$\|x_0(t) - y(t)\| \le \|x_0(t) - b\| + \|y(t) - b\| \le 2\rho.$$

よって m に関する帰納法によって

$$\|x_m(t) - y(t)\| \le 2\rho \frac{L^m|t - a|^m}{m!}$$

が得られる．これより $m \to \infty$ のとき $x_m(t)$ は $y(t)$ に $I' \cap J$ において一様収束することがわかる．したがって $y(t) = x(t)$ $(t \in I' \cap J)$. これで解の単独性が示された．　□

定理 4.1 の証明において第 0 近似関数 $x_0(t)$ として定数関数 b をとり評価の仕方を変えると，存在区間が定理 4.1 とは異なる次の定理が得られる．

定理 4.2. (リンデレーフの定理) 定理 4.1 と同じ仮定が成り立っているとする．このとき (a,b) を通る (3.3) の解が区間 $I''=[a-r'',a+r'']$ においてただ 1 つ存在する．ここで

$$r''=\min\left\{r,\ \frac{1}{L}\log\left(1+\frac{\rho L}{M_0}\right)\right\},$$

$$M_0=\max_{|t-a|\le r}\|f(t,b)\|.$$

証明 $x_0(t)=b$ とし，以下 $x_1(t),x_2(t),\dots$ を定理 4.1 の証明と同様に決めていく．まず

$$\frac{M_0}{L}(e^{Lr''}-1)\le\rho$$

に注意しておく．さて

$$\|x_1(t)-b\|\le\left|\int_a^t\|f(s,b)\|\,ds\right|\le M_0|t-a|,\quad t\in I''$$

と

$$M_0|t-a|\le M_0r''=\frac{M_0}{L}Lr''\le\frac{M_0}{L}(e^{Lr''}-1)\le\rho$$

から $\|x_1(t)-b\|\le\rho$ となり，$x_2(t)$ が定義されることになる．$x_1,\dots,x_{m-1}$ が I'' において定義され

$$\|x_k(t)-x_{k-1}(t)\|\le\frac{M_0}{L}\frac{L^k|t-a|^k}{k!},\qquad t\in I'',\ 1\le k\le m-1$$

が成り立つとする．このとき

$$\begin{aligned}\|x_{m-1}(t)-b\|&\le\sum_{k=1}^{m-1}\|x_k(t)-x_{k-1}(t)\|\le\frac{M_0}{L}\sum_{k=1}^{m-1}\frac{(Lr'')^k}{k!}\\&\le\frac{M_0}{L}(e^{Lr''}-1)\le\rho\end{aligned}$$

となるから $x_m(t)$ が I'' において定義される．さらに

$$\begin{aligned}\|x_m(t)-x_{m-1}(t)\|&\le\left|\int_a^t L\|x_{m-1}(t)-x_{m-2}(t)\|\,ds\right|\\&\le\left|L\int_a^t\frac{M_0}{L}\frac{(L|t-a|)^{m-1}}{(m-1)!}\,ds\right|\\&=\frac{M_0}{L}\frac{L^m|t-a|^m}{m!},\qquad t\in I''.\end{aligned}$$

以上より無限関数列 $x_1(t), x_2(t), \ldots$ が I'' において定義され，すべての m について

$$\|x_m(t) - x_{m-1}(t)\| \leq \frac{M_0}{L} \frac{L^m |t-a|^m}{m!}, \qquad t \in I''$$

が成り立つことが示された．あとは定理 4.1 の証明と同様である． □

上の 2 つの定理の存在区間 I', I'' のどちらが広いかということは一般的にはいえない．区間 I'' における解の存在も考えたのは，線形微分方程式の場合にこれが有効だからである．

(3.3) の右辺 $f(t,x)$ の各成分 $f^j(t,x)$ が $x^0, \ldots, x^{n-1}$ の 1 次関数の場合，すなわち

$$f^j(t,x) = \sum_{k=0}^{n-1} a_k^j(t) x^k + g^j(t)$$

のとき (3.3) を**線形微分方程式**という．$a_k^j(t)$ を (j,k) 成分とする n 次正方行列を $A(t)$，$g^j(t)$ を第 j 成分とする縦ベクトルを $g(t)$ とすると，(3.3) は次式

$$\frac{dx}{dt} = A(t)x + g(t) \tag{4.3}$$

のように表される．

定理 4.2 の系として次が得られる．

定理 4.3. （線形微分方程式の解の存在区間） $A(t), g(t)$ が区間 I において連続ならば（I の端点は閉じていても開いていてもよい，すなわち I は任意の区間でよい），任意の $a \in I, b \in \boldsymbol{R}^n$ に対して (a,b) を通る (4.3) の解が区間 I 全体で存在しただ 1 つである．

証明 a を左端とする任意の閉区間 $J \subset I$，あるいは a を右端とする任意の閉区間 $J' \subset I$ において (a,b) を通る (4.3) の解がただ 1 つ存在することをいえばよい．前者のみを考えよう．

定理 4.2 はその証明から明らかなように，点 (a,b) から右へ出る解の存在区間についても主張しているのであり，それをはっきり述べれば次のようになる．$f(t,x)$ が (a,b) を境界上にもつ有界閉領域 $E^+ = [a, a+r] \times \{x \in \boldsymbol{R}^n \mid \|x-b\| \leq \rho\}$ において連続かつ E^+ においてリプシッツ定数 L のリプシッツ条件をみたす

と仮定すると，$M_0 = \max_{t\in[a,a+r]} \|f(t,b)\|$ とし r'' を定理 4.2 と同じに定めると，解が閉区間 $[a, a+r'']$ においてただ 1 つ存在する．

さて，われわれの定理の証明に戻ろう．$J = [a, a+r]$ とする．$b = 0$ と仮定しても一般性を失わないのでそうする．(4.3) の右辺は任意の $\rho > 0$ に対して $E^+(\rho) := [a, a+r] \times \{x \in \boldsymbol{R}^n \mid \|x\| \le \rho\}$ において定義されている．そこで

$$M_0 = \max_{t\in J} \|f(t,0)\| = \max_{t\in J} \|g(t)\|, \qquad L = \max_{t\in J} \|A(t)\|$$

とすると，M_0 も L も J には依存するが ρ には依存しない正定数であり，

$$(4.4)\quad \|f(t,x) - f(t,y)\| \le \|A(t)[x-y]\| \le L\|x-y\|,\quad (t,x),(t,y) \in E^+(\rho)$$

である．ここで $\|A(t)\|$ は作用素ノルム (3.12) である．$\rho \to \infty$ とすると $L^{-1}\log(1 + (\rho L/M_0)) \to \infty$ であるので，ρ を十分大にとれば上の注意から $r'' = r$ となる．解の単独性はリプシッツ条件 (4.4) からいえる． □

定理 4.1，4.2 は解の局所的存在と単独性について述べたものである．これを簡潔に言い表すために言葉を用意しておく．

定義 4.1. 領域 $D \subset \boldsymbol{R}^{n+1}$ で定義された関数 $f : D \to \boldsymbol{R}^n$ が D において**局所的にリプシッツ条件をみたす**とは，任意の $(a,b) \in D$ に対して (a,b) に依存する正定数 L と (a,b) の近傍 U が存在して

$$\|f(t,x) - f(t,y)\| \le L\|x-y\|, \qquad (t,x),(t,y) \in U$$

が成り立つことである．

この用語を使えば定理 4.1,4.2 は次のようにまとめられる．

定理 4.4. (解の存在と単独性) $f(t,x)$ が $\boldsymbol{R}^{n+1}$ 内の領域 D において連続でかつ局所的にリプシッツ条件をみたすならば，任意の $(a,b) \in D$ に対して (a,b) を通る (3.3) の解が (a,b) の近傍でただ 1 つ存在する．

ところで実用上からはいつ（局所的に）リプシッツ条件が成り立つか知っておくと便利である．1 つの十分条件を与えておこう．

補題 4.1. $f(t,x)$ が $\boldsymbol{R}^{n+1}$ 内の領域 D において連続で，各 x^k $(0 \le k \le n-1)$ についての偏導関数が存在し，かつそれが D において連続ならば，D

に含まれる任意の有界閉領域 $E=\{(t,x)\,|\,|t-a|\le r, \|x-b\|\le\rho\}$ において リプシッツ条件が成り立つ．

証明 $(t,x),(t,y)\in E$ とする．$0\le j\le n-1$ に対して，自明な等式

$$f^j(t,x)-f^j(t,y)=\int_0^1\frac{d}{ds}f^j(t,sx+(1-s)y)\,ds$$

の右辺を計算することによって示す．$(d/ds)f^j(t,sx+(1-s)y)=\sum_{k=0}^{n-1}[(\partial f^j/\partial x^k)(t,sx+(1-s)y)](x^k-y^k)$ より

$$\begin{aligned}&\left|\int_0^1\frac{d}{ds}f^j(t,sx+(1-s)y)\,ds\right|\\&\le\int_0^1\sum_{k=0}^{n-1}\left|\frac{\partial f^j}{\partial x^k}(t,sx+(1-s)y)\right||x^k-y^k|\,ds\\&\le\|x-y\|\int_0^1\sum_{k=0}^{n-1}\left|\frac{\partial f^j}{\partial x^k}(t,sx+(1-s)y)\right|\,ds,\end{aligned}$$

よって

$$L=\max_{0\le j\le n-1}\max_{(t,x)\in E}\sum_{k=0}^{n-1}\left|\frac{\partial f^j}{\partial x^k}(t,x)\right|$$

とおけば，$|f^j(t,x)-f^j(t,y)|\le L\|x-y\|$ が得られる．したがって

$$\|f(t,x)-f(t,y)\|\le L\|x-y\|.$$ □

注意 4.1. 上の補題においてリプシッツ定数 L は E に依存することに注意しよう．

以下簡単のため，各 x^k についての偏導関数が D において存在しそれが D で連続であるとき，D において**各 x^k について連続微分可能**であるということにしよう．補題 4.1 と定理 4.4 から

定理 4.5. （解の存在と単独性） $f(t,x)$ が $\boldsymbol{R}^{n+1}$ 内の領域 D において連続で，かつ各 $x^k\,(0\le k\le n-1)$ について D において連続微分可能ならば，任意の点 $(a,b)\in D$ に対して (a,b) を通る (3.3) の解が (a,b) の近傍でただ 1 つ存在する．

この節の最後に，解の単独性は別にして局所解の存在だけならば $f(t,x)$ の連続性だけがあればよいことを注意しておこう．

定理 4.6. （コーシーの存在定理） $f(t,x)$ が $\boldsymbol{R}^{n+1}$ 内の有界閉領域

$$E = \{(t,x) \in \boldsymbol{R}^{n+1} \mid |t-a| \le r, \|x-b\| \le \rho\}$$

において連続とする．このとき (a,b) を通る (3.3) の解が区間 $I' = [z-r', a+r']$ において存在する．ここで r' は定理 4.1 のものと同じである．

証明の概略 $[a-r', a]$ においても同様であるので，区間 $[a, a+r']$ における (3.3) の解の存在をいう．まず任意の $\varepsilon > 0$ に対して

$$(4.5) \qquad (t, x(t)) \in E, \qquad t \in [a, a+r']$$

$$(4.6) \qquad \left\| x(t) - b - \int_a^t f(s, x(s))\, ds \right\| \le \varepsilon(t-a), \quad t \in [a, a+r']$$

$$(4.7) \qquad \|x(t) - x(t')\| \le M|t-t'|, \qquad t, t' \in [a, a+r']$$

をみたす $x(t)$ を構成する．そのために，ε に対して $\delta > 0$ を $|t-t'| \le \delta$, $\|x-x'\| \le M\delta$, $(t,x), (t',x') \in E$ ならば $\|f(t,x)-f(t',x')\| \le \varepsilon$ となるようにとる．区間 $[a, a+r']$ を $a = t_0 < t_1 < \cdots < t_l = a+r'$, $0 < t_j - t_{j-1} < \delta$ のように分割する．そして $x = x(t)$ を次のような (t,x) 空間内の折れ線として定義するのである．

$$x(t) = \begin{cases} b + f(a,b)(t-a), & t \in [t_0, t_1] \\ x(t_1) + f(t_1, x(t_1))(t-t_1), & t \in [t_1, t_2] \\ \quad \vdots & \vdots \\ x(t_{l-1}) + f(t_{l-1}, x(t_{l-1}))(t-t_{l-1}), & t \in [t_{l-1}, t_l]. \end{cases}$$

この折れ線が上の条件をみたすことが確かめられる．

次に 0 に収束する単調減少列 $\{\varepsilon_m\}_{m=1}^{\infty}$ をとり，$\varepsilon = \varepsilon_m$ に対して (4.5), (4.6), (4.7) をみたす $x(t)$ を $x_m(t)$ とおく．関数列 $\{x_m(t)\}_{m=1}^{\infty}$ は (4.5) より一様有界，(4.7) より同程度連続であるので，アスコリ・アルツェラの定理

（この後与える）より，$[a, a+r']$ において一様収束する部分列が取り出せる．簡単のため，それをまた $\{x_m(t)\}_{m=1}^{\infty}$ と表し，その極限関数を $x_0(t)$ とする．このとき

$$\left\| x_m(t) - b - \int_a^t f(s, x_m(s))\, ds \right\| \le \varepsilon_m (t-a)$$

において $m \to \infty$ とすれば

$$x_0(t) - b - \int_a^t f(s, x_0(s))\, ds = 0$$

が得られ $x_0(t)$ は (a, b) を通る (3.3) の解である． □

問 4.1. 定理 4.5 の証明を完全にせよ．

上に登場したアスコリ・アルツェラの定理は §6 でも用いられるので，説明しておこう．有界閉区間 $[a, a']$ において定義された関数列 $\{x_m(t)\}_{m=1}^{\infty}$ が与えられたとする．この関数列が $[a, a']$ において**一様有界**であるとは，ある正数 K が存在して，任意の $t \in [a, a']$ と任意の m に対して

$$|x_m(t)| \le K$$

が成り立つことである．またこの関数列が $[a, a']$ において**同程度連続**であるとは，任意の $\varepsilon > 0$ に対して m によらない $\delta > 0$ を十分小さくとれば，$|t - t'| < \delta$ をみたす任意の $t, t' \in [a, a']$ と任意の m に対して

$$|x_m(t) - x_m(t')| < \delta$$

が成り立つことである．定理は次のように述べられる．

補題 4.2. （アスコリ・アルツェラの定理） 有界閉区間 $[a, a']$ において定義されている関数列 $\{x_m(t)\}_{m=1}^{\infty}$ が $[a, a']$ において一様有界かつ同程度連続ならば，$[a, a']$ において一様収束する部分列 $\{x_{m_l}(t)\}_{l=1}^{\infty}$ を選び出すことができる．

§5. 比較定理，解の延長

この節では，後で必要になる解の大きさ（ノルム）の評価や解の定義区間の拡張についての基本的事項を説明する．

§3 で述べたように，本書ではベクトル空間 $\boldsymbol{R}^n$ におけるノルムを $x = {}^t(x^0, \cdots, x^{n-1}) \in \boldsymbol{R}^n$ に対して

$$\|x\| = \max\left\{|x^0|, \cdots, |x^{n-1}|\right\}$$

と定義していることを思い出しておこう．

5.1. 比較定理

この小節および次小節では，(3.3) の右辺の $f(t,x)$ は領域 $D \subset \boldsymbol{R}^{n+1}$ において連続で，任意の $(a,b) \in D$ に対して (a,b) を通る (3.3) の解が局所的にただ 1 つ存在すると仮定しておく．

定義 5.1. 区間 I で定義された連続な実数値関数 $X(t)$ が I におけるノルム $\|\cdot\|$ に関する (3.3) の**右優関数**（または**左優関数**）であるとは次の条件をみたすことである．すなわち，(3.3) の任意の解 $x(t)$（その定義区間を J とする）に対して $\|x(a)\| \leq X(a)$, $a \in I \cap J$ が成り立てば，任意の $t \geq a$, $t \in I \cap J$（または任意の $t \leq a$, $t \in I \cap J$）に対して $\|x(t)\| \leq X(t)$ が成り立つ．

次の定理を示すのがこの小節の目的である．

定理 5.1.（比較定理） $\boldsymbol{R}^2$ 内のある領域において定義され，そこで連続な実数値関数 $F(t,X)$ に対して不等式

$$\|f(t,x)\| < F(t,\|x\|) \tag{5.1}$$

が (t,x) が f の定義域 D，$(t,\|x\|)$ が F の定義域にある限り成り立つとする．このとき

$$\frac{dX}{dt} = F(t,X) \tag{5.2}$$

の任意の解 $X(t)$ はノルム $\|\cdot\|$ に関し (3.3) の右優関数である．また

$$\frac{dY}{dt} = -F(t,Y) \tag{5.3}$$

の任意の解 $Y(t)$ はノルム $\|\cdot\|$ に関し (3.3) の左優関数である．

この定理を証明するために次の補題が必要となる．

補題 5.1. 区間 I で定義されたベクトル値関数 $f(t)$ が $a \in I$ において右微分可能ならば，$\|f(t)\|$ も a において右微分可能で

$$(5.4) \qquad \left|(D^+\|f\|)(a)\right| \le \left\|(D^+f)(a)\right\|$$

が成り立つ．同様に $f(t)$ が $a \in I$ において左微分可能ならば，$\|f(t)\|$ も a において左微分可能で

$$(5.5) \qquad \left|(D^-\|f\|)(a)\right| \le \left\|(D^-f)(a)\right\|$$

が成り立つ．ここで D^+, D^- は右微分，左微分を表す（定義 3.1 参照）．

補題 5.1 の証明 右微分の場合のみを示そう．仮定から $0 < h \ll 1$（これは h が十分に小であることを示す記号）に対して

$$f(a+h) = f(a) + h(D^+f)(a) + h\varepsilon(h)$$

と書ける．ここで，$h \to +0$ のとき $\|\varepsilon(h)\| \to 0$. $u = f(a), v = (D^+f)(a)$ とおくと

$$(5.6) \qquad \begin{aligned} \frac{\|f(a+h)\| - \|f(a)\|}{h} = & \frac{\|u+hv+h\varepsilon(h)\| - \|u+hv\|}{h} \\ & + \frac{\|u+hv\| - \|u\|}{h}. \end{aligned}$$

まずノルムについての 3 角不等式 (3.8) より，$h \to +0$ のとき

$$(5.7) \qquad \frac{\left|\|u+hv+h\varepsilon(h)\| - \|u+hv\|\right|}{h} \le \|\varepsilon(h)\| \to 0.$$

次に，やはり (3.8) より

$$(5.8) \qquad \frac{\left|\|u+hv\| - \|u\|\right|}{h} \le \|v\|$$

がいえるので，$\lim_{h\to+0}[\|u+hv\| - \|u\|]/h$ が存在することをみればよい．

$\varphi(s) := \|u+sv\|$ とおくと，ノルムの性質 (3.7) より $\varphi(s)$ は s の凸関数である．すなわち，任意の $\alpha, \beta > 0, \alpha+\beta = 1$ と任意の s, s' に対して

$$\varphi(\alpha s + \beta s') \le \alpha\varphi(s) + \beta\varphi(s')$$

が成り立つ．これより任意の $s_{-1} < 0 < s_1 < s_2$ に対して

$$\frac{\varphi(s_{-1}) - \varphi(0)}{s_{-1} - 0} \leq \frac{\varphi(s_1) - \varphi(0)}{s_1 - 0} \leq \frac{\varphi(s_2) - \varphi(0)}{s_2 - 0}.$$

（ここではじめの不等式は $s = s_{-1}, s' = s_1, \alpha = s_1/(s_1 - s_{-1}), \beta = -s_{-1}/(s_1 - s_{-1})$ ととることにより得られる．後の不等式も同様）．したがって $[\|u + hv\| - \|u\|]/h$ は $h > 0$ について単調減少で，下からもおさえられているので，$h \to +0$ のとき極限をもつ．(5.4) は (5.6)，(5.7)，(5.8) から得られる． □

定理 5.1 の証明　区間 I において定義されている (5.2) の解 $X(t)$ が (3.3) の右優関数であることを示そう．$x(t)$ を (3.3) の任意の解とし，その定義区間を J とする．$a \in I \cap J$ において

$$\|x(a)\| \leq X(a)$$

であるとする．結論を否定して，すなわちある $a'' > a$, $a'' \in I \cap J$ に対して $\|x(a'')\| > X(a'')$ であるとして，矛盾を導こう．この仮定より $a' = \sup\{t > a \,|\, \|x(s)\| \leq X(s), s \in [a, t]\}$ が存在して

$$\|x(a')\| = X(a')$$
$$\|x(t)\| > X(t), \qquad a' < t \ll a' + 1$$

が成り立つ．これより $a' < t \ll a' + 1$（$t - a' > 0$ が十分に小さいということ）なる t に対して

$$\frac{\|x(t)\| - \|x(a')\|}{t - a'} > \frac{X(t) - X(a')}{t - a'}.$$

ここで $t \to a' + 0$ とすると，補題 5.1 より，左辺の極限 $(D^+\|x\|)(a')$ が存在して $(D^+\|x\|)(a') \geq (D^+X)(a')$．ところで，同じ補題 5.1 と $x(t)$ が (3.3) の解であることから $(D^+\|x\|)(a') \leq \|(D^+x)(a')\| = \|f(a', x(a'))\|$．他方，$(D^+X)(a') = F(a', X(a'))$．よって $\|f(a', x(a'))\| \geq F(a', X(a')) = F(a', \|x(a')\|)$．これは不等式 (5.1) に矛盾する．

$Y(t)$ が (3.3) の左優関数であることも同様にして示される． □

5.2. 解の延長

解の定義区間をできるだけ拡げようとするとき次の定理が重要な役割を果たす．

定理 5.2. （解の延長） $x = x(t)$ を開区間 $I = (a, a')$ における (3.3) の解とする．このとき

(i) a に収束する単調減少列 $\{t_k\}_{k=1}^{\infty}$ と $b \in \boldsymbol{R}^n$ が存在して，$k \to \infty$ のとき $x(t_k) \to b$ かつ $(a, b) \in D$ であるならば，$x(a) = b$ と定義すると $x(t)$ は区間 $[a, a')$ における (3.3) の解となる．

(ii) a' に収束する単調増大列 $\{t'_k\}_{k=1}^{\infty}$ と $b' \in \boldsymbol{R}^n$ が存在して，$k \to \infty$ のとき $x(t'_k) \to b'$ かつ $(a', b') \in D$ であるならば，$x(a') = b'$ と定義すると $x(t)$ は区間 $(a, a']$ における (3.3) の解となる．

この定理を示すのに必要な補題をまず示しておこう．

補題 5.2. ベクトル値関数 $f(t)$ が開区間 $I = (a, a')$ において連続で右微分可能であれば次が成り立つ．

$$\sup_{a<t<t'<a'} \frac{\|f(t') - f(t)\|}{t' - t} = \sup_{a<t<a'} \left\| D^+ f(t) \right\|. \tag{5.9}$$

$f(t)$ が左微分可能のときは (5.9) の右辺において $D^+ f(t)$ を $D^- f(t)$ で置き換えた等式が成り立つ．

補題 5.2 の証明 f が右微分可能の場合だけを示そう．(5.9) の左辺を M とおくと，$D^+ f$ の定義より任意の $a < t < a'$ に対して

$$M \geq \left\| D^+ f(t) \right\|. \tag{5.10}$$

さて $m < M$ なる任意の m をとる．M の定義より

$$\frac{\|f(\tau') - f(\tau)\|}{\tau' - \tau} > m \tag{5.11}$$

をみたす $\tau', \tau \, (a < \tau < \tau' < a')$ が存在する．ここで

$$\varphi(t) = \|f(t) - f(\tau)\|, \qquad \psi(t) = m(t - \tau)$$

とおこう．補題 5.1 より $\varphi(t)$ は I において右微分可能で

$$D^+\varphi(t) \le \|D^+f(t)\|, \qquad t \in I. \tag{5.12}$$

ところで φ, ψ の定義と (5.11) より，$\varphi(\tau) = 0 = \psi(\tau), \varphi(\tau') > \psi(\tau')$. よって
ある $\tau \le t_0 \le \tau'$ が存在して

$$D^+\varphi(t_0) \ge D^+\psi(t_0) = m. \tag{5.13}$$

(5.12)，(5.13) より $\|D^+f(t_0)\| \ge m$. $m < M$ は任意であるので

$$\sup_{a<t<a'} \|D^+f(t)\| \ge M.$$

これと (5.10) とから

$$M = \sup_{a<t<a'} \|D^+f(t)\|.$$

□

定理 5.2 の証明 (i) のみを証明しておこう．まず $t \to a+0$ のとき $x(t) \to b$ となることを示す．一般性を失うことなく $b = 0$ と仮定できるのでそうしておく．

$\|f(a,0)\| < M$ となる M をとると f の連続性から十分小さい $r_0, \rho_0 > 0$ をとると，$t \in [a, a+r_0), \|x\| < \rho_0$ ならば $\|f(t,x)\| < M$ となる．

$0 < \rho \le \rho_0$ を任意にとり，$r(\rho) := \min\{a' - a, r_0, \rho/(2M)\}$ とし

$$X_\rho(t) := M(t-a) + \frac{\rho}{2}, \qquad t \in [a, a + r(\rho))$$

とおくと，$X_\rho(t) \le \rho$, $t \in [a, a+r(\rho))$. $dX_\rho/dt = M$, $M > \|f(t,x)\|$ であるので，定理 5.1 より $X_\rho(t)$ は区間 $[a, a+r(\rho))$ における $\|\cdot\|$ に関する (3.3) の右優関数である．他方，$x(t_k) \to 0\,(k \to \infty)$ より十分大きいすべての k に対して

$$\|x(t_k)\| \le \frac{\rho}{2} \le X_\rho(t_k).$$

よって

$$\|x(t)\| \le X_\rho(t), \qquad t \in [t_k, a + r(\rho)).$$

これがすべての k について成り立つので，任意の $t \in (a, a+r(\rho))$ に対して $\|x(t)\| \leq X_\rho \leq \rho$. したがって $t \to a+0$ のとき $x(t) \to 0$ が示された．

$x(a) = b$ と定義したとき $x(t)$ が $[a, a')$ において (3.3) の解であることをいうには，$D^+x(a) = f(a, b)$ であることをいえば十分である．$t \to a+0$ のとき $D^+x(t) = f(t, x(t)) \to f(a, b)$ であるから，任意の $\varepsilon > 0$ に対して $\delta > 0$ を十分小さくとると

$$\left\|(D^+x)(t) - f(a,b)\right\| < \varepsilon, \qquad a < t < a + \delta.$$

ここで $y(t) = x(t) - (t-a)f(a,b)$ とおくと

$$\left\|D^+y(t)\right\| < \varepsilon, \qquad a < t < a + \delta.$$

よって補題 5.2 より

$$\|y(t+h) - y(t)\| \leq \varepsilon h$$

が $a < t < t+h < a+\delta$ なる任意の t, h について成り立つ．ここで $t \to a+0$ とすると，$y(t)$ の $t = a$ における右連続性から

$$\|y(a+h) - y(a)\| \leq \varepsilon h, \qquad 0 < h < \delta$$

すなわち

$$\left\|\frac{x(a+h) - x(a)}{h} - f(a,b)\right\| \leq \varepsilon, \qquad 0 < h < \delta.$$

以上より $(D^+x)(a)$ が存在し，$(D^+x)(a) = f(a,b)$ であることが示された．□

5.3. 解の最大存在区間

微分方程式 (3.3) の右辺の $f(t, x)$ が開集合とは限らない連結集合 $E \in \boldsymbol{R}^{n+1}$ において連続で任意の $(a, b) \in E$ に対して (a, b) を通る (3.3) の解が，局所的にただ 1 つ存在すると仮定する．(a, b) が E の境界上にあるときには，(a, b) を通る解は $t = a$ の右側あるいは左側にしか存在しないこともありうる．

$(a, b) \in E$ を通る (3.3) の 2 つの解 $x_1(t), x_2(t)$ の定義区間をそれぞれ I_1, I_2 とすると，E 上の各点を通る解の単独性の仮定から $I_1 \cap I_2$ においては $x_1(t) = x_2(t)$ である．したがって

$$x(t) = \begin{cases} x_1(t), & t \in I_1, \\ x_2(t), & t \in I_2, \end{cases}$$

が定義できて，$x(t)$ は区間 $I_1 \cup I_2$ における (a,b) を通る (3.3) の解となる．

$S(a,b)$ を (a,b) を通る (3.3) の解 $x=\varphi(t)$ の全体とする．解 φ の定義区間を I_φ と表し

$$I_{ab} = \bigcup_{\varphi \in S(a,b)} I_\varphi$$

とすると，上と同じ理由により区間 I_{ab} における関数

$$x(t) = \varphi(t), \qquad t \in I_\varphi,\ \varphi \in S(a,b)$$

が定義できて，$x(t)$ は (a,b) を通る (3.3) の解である．I_{ab} の定義から I_{ab} を真に含む区間で定義される (a,b) を通る (3.3) の解は存在しない．したがって，このように定義される解を (a,b) を通る (3.3) の**最大延長解**といい，区間 I_{ab} を (a,b) を通る (3.3) の解の**最大存在区間**ということにする．E が開集合のときは最大存在区間は開区間である．

定理 4.3 より，線形微分方程式の解の最大存在区間はすべての係数関数が連続である区間である．しかし，非線形微分方程式の解の最大存在区間は一般に初期条件に依存する．それを簡単な例で確かめてみよう．

例 5.1. 非線形の単独 1 階微分方程式

$$\frac{dx}{dt} = x^2 \tag{5.14}$$

を考える．この右辺の関数は t を含まず，x について連続微分可能である．よって，任意の $(a,b) \in \boldsymbol{R}^2$ に対して (a,b) を通る (5.14) の解が (a,b) の近傍でただ 1 つ存在する（定理 4.4)．特別な場合として，任意の $b \in \boldsymbol{R}$ に対して $(0,b)$ を通る (5.14) の解 $x(t)$ を求めてみよう．(5.14) は $x(t) \equiv 0$ なる解をもつので，解の単独性（定理 4.4）より $b=0$ のときは $x(t) \equiv 0$ が求める解である．$b \neq 0$ のときは $dx/x^2 = dt$ より $-1/x = t + c$（c は定数)．定数 c は初期条件 $x(0)=b$ から $c=-1/b$ と決まる．よって $b \neq 0$ のときは，$(0,b)$ を通る (5.14) の解は

$$x(t) = -\frac{1}{t-1/b} \tag{5.15}$$

である．したがって，$(0,b)$ を通る (5.14) の解の最大存在区間を I_{0b} とすると

$$I_{0b} = \begin{cases} (-\infty, 1/b), & b > 0 \text{ のとき} \\ (-\infty, +\infty), & b = 0 \text{ のとき} \\ (1/b, +\infty), & b < 0 \text{ のとき} \end{cases}$$

となる．

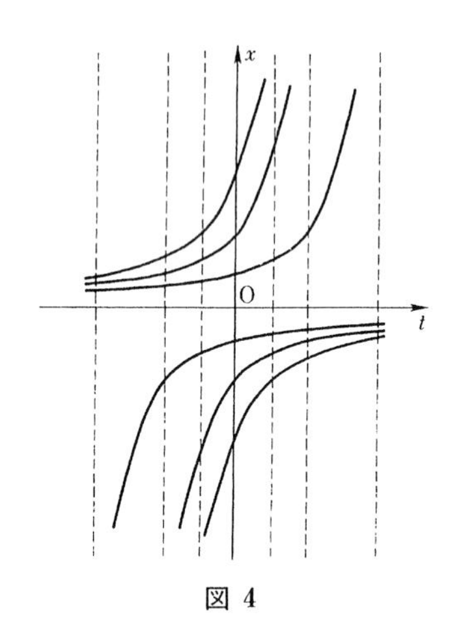

図 4

最後に，線形微分方程式 (4.3) の解の存在区間に関する定理 4.3 を，この節の定理 5.1，5.2 を用いて再証明しよう．§4 における証明よりも自然であると思う．

定理 4.3 の別証明　線形微分方程式であるので，各点を通る解は局所的にただ 1 つであることをまず注意しておこう．

(a,b) を通る (4.3) の最大延長解を $x(t)$，最大存在区間を J とする．$J = I$ を証明するのである．J と I の右端の様子だけをみよう（左端についても同様である）．J と I の右端をそれぞれ a', c' とする．

まず $a' = c'$ を確かめよう．$a' < c'$ として矛盾を導こう．$a' \in J$ のときは定理 4.5 より $(a', x(a'))$ を通る解が右にのびるので，$x(t)$ が最大延長解であるという仮定に反する．そこで $a' \notin J$ とする．このとき $a' < c'$ より

$$K = \sup_{t \in [a,a')} \|A(t)\|, \quad H = \sup_{t \in [a,a')} \|g(t)\|$$

が存在する．h を $h > H$ となるようにとると

$$\|A(t)x + g(t)\| < K\|x\| + h, \qquad t \in [a, a'),\ x \in \boldsymbol{R}^n$$

であるので，定理 5.1 より

$$\frac{dX}{dt} = KX + h, \quad X(a) = \|b\|$$

の解 $X(t) = ((h/K) + \|b\|)e^{K(t-a)} - (h/K)$ は (4.3) の右優関数である．よって $\|x(a)\| = \|b\| = X(a)$ より

$$\|x(t)\| \leq X(t) \leq \left(\frac{h}{K} + \|b\|\right) e^{K(a'-a)} - \frac{h}{K}, \quad t \in [a, a').$$

$\boldsymbol{R}^n$ の有界閉集合上の無限集合からはその上の点に収束する点列を選び出せるので，この不等式より，a' に収束する単調増大数列 $\{t_m\}_{m=1}^{\infty}$ を $x(t_m)$ が $m \to \infty$ のときある $b' \in \boldsymbol{R}^n$ に収束するようにとれる．したがって定理 5.2 の (ii) より，$x(t)$ は閉区間 $[a, a']$ にまで拡張されることになり，最大延長解であることに反する．以上より $a' = c'$ であることがわかった．

あとは $c' \in I$ であれば $a' \in J$ となることを示せばよい．これは $c' \in I, a' \notin J$ として今と同じ議論により矛盾を出すことにより確かめる．　□

§6.　初期値とパラメータに関する連続性

第 1 章 §1 例 1.1 において，初期条件 (1.5) をみたす微分方程式 (1.4) の解が (1.6) で与えられることをみたが，その簡単な形から，解が初期値 h, u, v について連続であることがわかる．また g を方程式 (1.4) に含まれるパラメータと考えると，解 (1.6) はパラメータ g についても連続である．例 1.2 においても，初期条件 (1.8) をみたす微分方程式 (1.7): $d^2x/dt^2 = -(k/m)x$ の解 (1.9) が，初期値 a にもパラメータ k/m にも連続に依存していることがわかる．さらに解 (1.6) も (1.9) も初期値とパラメータの関数として微分可能であることもわかる．このようなことは一般の微分方程式に対しても成り立つべきである．この節と次の節では，どのような条件のもとで微分方程式の解が初期値やパラメータの関数として連続であるか微分可能であるかということを考える．この節の

定理で記憶しておくべき実用的な定理は，定理 6.2 と定理 6.4 である．本節と次節の定理は微分方程式論において重要かつ不可欠であるが，証明を追うのはかなり大変である．多くの読者にとっては，定理を正確に理解し正しく使えるようになるだけで十分であると思う．

まず微分方程式 (3.3) の解の連続性について考える．$x(t;a,b)$ を (a,b) を通る (3.3) の解とする．これが (t,a,b) の関数として連続であるかどうかを問題とするので，(t,a,b) に対して $x(t;a,b)$ が一意的に決まる必要がある．また関数 $x(t;a,b)$ の定義域も明確にしておかなければならない．そこでまず (3.3) の右辺の関数 $f(t,x)$ の定義域を領域 $D \subset \boldsymbol{R}^{n+1}$ とし

(6.1) 任意の $(a,b) \in D$ に対して (a,b) を通る (3.3) の解はただ 1 つである

と仮定する．次に (a,b) を通る (3.3) の解 $x(t;a,b)$ の最大存在区間を I_{ab} とし

$$\mathcal{D} = \left\{(t,a,b) \in \boldsymbol{R}^{n+2} \;\middle|\; (a,b) \in D, t \in I_{ab}\right\} \tag{6.2}$$

とする．$\mathcal{D}$ は関数 $x(t;a,b)$ の最大の定義域である．

定理 6.1. (初期値に関する連続性) $f(t,x)$ が D において連続でかつ任意の $(a,b) \in D$ に対して (a,b) を通る (3.3) の解 $x(t;a,b)$ がただ 1 つであると仮定する．このとき $x(t;a,b)$ は (t,a,b) の関数として $\mathcal{D}$ において連続である．

この定理と定理 4.4 とから次の定理が得られる．

定理 6.2. (初期値に関する連続性) $f(t,x)$ が D において連続でかつ各 x^k について D において連続微分可能であるとすると，(a,b) を通る (3.3) の解 $x(t;a,b)$ は (t,a,b) の関数として $\mathcal{D}$ において連続である．

定理 6.1 を証明するために次の補題を準備する．

補題 6.1. 定理 6.1 と同じ条件を仮定する．(a_0,b_0) を通る (3.3) の解 $x_0(t) := x(t;a_0,b_0)$ の最大存在区間を $I_0 := I_{a_0b_0}$ とする．$\alpha, \alpha' \in I_0\,(\alpha < a_0 < \alpha')$ と $\rho > 0$ を

$$E := \left\{(t,x) \in \boldsymbol{R}^{n+1} \;\middle|\; \alpha \le t \le \alpha', \|x - x_0(t)\| \le \rho\right\}$$

が D に含まれるような任意の数とする．このとき α, α', ρ に応じて $\delta > 0$ を十分小さくとると，

$$|a - a_0| < \delta, \qquad \|b - b_0\| < \delta$$

ならば，(a, b) を通る (3.3) の解 $x(t; a, b)$ が閉区間 $[\alpha, \alpha']$ において存在し

$$\|x(t; a, b) - x_0(t)\| < \rho, \qquad t \in [\alpha, \alpha']$$

である．

補題 6.1 の証明　このような $\delta > 0$ が存在しないと仮定して矛盾を導く．すなわち 0 に収束する単調減少数列 $\{\delta_m\}_{m=1}^{\infty}$，$D$ 内の点列 $\{(a_m, b_m)\}_{m=1}^{\infty}$，区間 $[\alpha, \alpha']$ 上の点列 $\{t_m\}_{m=1}^{\infty}$ で次をみたすものがあると仮定する．

$$|a_m - a_0| < \delta_m,\ \|b_m - b_0\| < \delta_m,\ \|x(t_m; a_m, b_m) - x_0(t_m)\| = \rho. \tag{6.3}$$

$f(t, x)$ を E 上へ制限した関数 $f|_E$ を，帯状閉領域 $E' := [\alpha, \alpha'] \times \boldsymbol{R}^n$ における関数 $F(t, x)$ に

$$F(t, x) = \begin{cases} f(t, x) & (t, x) \in E, \\ f\left(t, \frac{\rho}{\|x - x_0(t)\|}[x - x_0(t)]\right) & (t, x) \in E' - E \end{cases}$$

のように拡張する．$F(t, x)$ は E' において連続で，$M = \max_{(t,x) \in E} \|f(t, x)\|$ とすると，$\sup_{(t,x) \in E'} \|F(t, x)\| = M$ であるので，定理 4.6 より，各 m に対して (a_m, b_m) を通る

$$\frac{dy}{dt} = F(t, y) \tag{6.4}$$

の解 $y_m(t) := y(t; a_m, b_m)$ が区間 $[\alpha, \alpha']$ において存在する．

y_m がみたす積分方程式

$$y_m(t) = b_m + \int_{a_m}^{t} F(s, y_m(s))\, ds, \qquad t \in [\alpha, \alpha'] \tag{6.5}$$

より，F の有界性と $\{b_m\}_{m=1}^{\infty}$ の有界性を用いて，$\{y_m(t)\}_{m=1}^{\infty}$ が $[\alpha, \alpha']$ において一様有界であることがわかる．さらに

$$\left\| \frac{dy_m(t)}{dt} \right\| = \|F(t, x)\| \leq M$$

より $\{y_m(t)\}_{m=1}^\infty$ は同程度連続である．よってアスコリ・アルツェラの定理（補題 4.2）から，$[\alpha, \alpha']$ において一様収束する $\{y_m(t)\}_{m=1}^\infty$ の部分列を取り出すことができる．それを簡単のため，再び $\{y_m(t)\}_{m=1}^\infty$ と書き，その極限関数を $y_0(t)$ とする．(6.5) において $m \to \infty$ とすると

$$y_0(t) = b_0 + \int_{a_0}^t F(s, y_0(s))\,ds, \qquad t \in [\alpha, \alpha']$$

すなわち，$y_0(t)$ は (a_0, b_0) を通る (6.4) の解である．(a_0, b_0) の近傍では $F(t,x) = f(t,x)$ であることと (3.3) の解の単独性の仮定から，$y_0(t) = x_0(t)\,(t \in [\alpha, \alpha'])$ である．

$y_m(t)$ は $[\alpha, \alpha']$ において $y_0(t) = x_0(t)$ に一様収束するのであるから，十分大きいすべての m について $\|y_m(t) - x_0(t)\| < \rho\ (t \in [\alpha, \alpha'])$ である．よってグラフ $y = y_m(t)$ は E 内にあり，これより $y_m(t) = x(t; a_m, b_m)\ (t \in [\alpha, \alpha'])$ がわかる．したがって

$$\|x(t; a_m, b_m) - x_0(t)\| < \rho, \qquad t \in [\alpha, \alpha'].$$

これは (6.3) に矛盾する． □

定理 6.1 の証明 $(t_0, a_0, b_0) \in \mathcal{D}$ を任意にとって固定する．$x_0(t) := x(t; a_0, b_0)$ とおく．$\alpha, \alpha' \in I_{a_0 b_0}\ (\alpha < t_0, a_0 < \alpha')$ と $\rho_0 > 0$ を

$$E := \{(t,x) \in \boldsymbol{R}^{n+1} \mid \alpha \leq t \leq \alpha', \|x - x_0(t)\| \leq \rho_0\} \subset D$$

となるようにとる．$\delta_0 > 0$ を小さくとって $|a - a_0| < \delta_0, \|b - b_0\| < \delta_0$ ならば $(a, b) \in E$ となるようにする．

さて任意に $\varepsilon > 0$ を与える．補題 6.1 より $\rho := \min\{\varepsilon/2, \rho_0\}$ に対して十分小さい $\delta > 0$ をとると，$|a - a_0| < \delta$, $\|b - b_0\| < \delta$ ならば

$$\|x(t; a, b) - x_0(t)\| < \rho, \qquad t \in [\alpha, \alpha']$$

が成り立つ．われわれは δ を $0 < \delta < \min\{\varepsilon/(2M), \delta_0\}$ もみたすようにとる．ここで $M = \max_{(t,x) \in E} \|f(t,x)\|$．このように δ をとると，$|t - t_0| <$

δ, $|a-a_0|<\delta$, $\|b-b_0\|<\delta$ ならば

$$\begin{aligned}\|x(t;a,b)-x_0(t_0)\| &\le \|x(t;a,b)-x(t_0;a,b)\|+\|x(t_0;a,b)-x_0(t_0)\| \\ &\le \left|\int_{t_0}^{t}\|f(s,x(s;a,b))\|\,ds\right|+\rho \\ &\le M|t-t_0|+\rho<M\delta+\rho<\varepsilon/2+\varepsilon/2=\varepsilon. \qquad \square\end{aligned}$$

次に，パラメータ $u\in\boldsymbol{R}^m$ を含む微分方程式 (3.4) の解の初期値とパラメータに関する連続性について考えよう．(3.4) の右辺の関数 $f(t,x,u)$ の定義域を領域 $D'\subset\boldsymbol{R}^{n+m+1}$ とし

(6.6)

任意の $(a,b,u)\in D'$ に対して (a,b) を通る (3.4) の解はただ 1 つである

と仮定する．そして (a,b) を通る (3.4) の解 $x(t;a,b,u)$ の最大存在区間を I_{abu} とし

$$\mathcal{D}'=\left\{(t,a,b,u)\in\boldsymbol{R}^{n+m+2}\;\middle|\;(a,b,u)\in D',t\in I_{abu}\right\} \tag{6.7}$$

とする．$\mathcal{D}'$ は関数 $x(t;a,b,u)$ の最大の定義域である．

定理 6.3. (初期値とパラメータに関する連続性)　$f(t,x,u)$ が D' において連続でかつ任意の $(a,b,u)\in D'$ に対して (a,b) を通る (3.4) の解 $x(t;a,b,u)$ がただ 1 つであると仮定する．このとき $x(t;a,b,u)$ は (t,a,b,u) の関数として $\mathcal{D}'$ において連続である．

証明　$n+m$ 連立微分方程式

$$\frac{dy}{dt}=f(t,y,v),\ \frac{dv}{dt}=0$$

の初期条件 $(y(a),v(a))=(b,u)$ をみたす解を $(y(t;a,b,u),v(t;a,b,u))$ とすると，定理 6.1 が適用できて，これは (t,a,b,u) の関数として連続である．ところで，$dv/dt=0$ より $v(t;a,b,u)\equiv u$ であるので，$y(t;a,b,u)$ は (a,b) を通る (3.4) の解，すなわち $y(t;a,b,u)=x(t;a,b,u)$ である． $\square$

この定理と定理 4.4 を組み合わせると定理 6.2 の拡張ともいえる次の定理が得られる．

定理 6.4.（初期値とパラメータに関する連続性）　$f(t,x,u)$ が D' において連続でかつ各 x^k について D' において連続微分可能であるとすると，(a,b) を通る (3.4) の解 $x(t;a,b,u)$ は (t,a,b,u) の関数として $\mathcal{D}'$ において連続である．

§7. 初期値とパラメータに関する微分可能性

前節に引き続き，この節では解の初期値やパラメータについての微分可能性について考察する．考える方程式は (3.3) あるいは (3.4) で，その右辺の関数 $f(t,x), f(t,x,u)$ はそれぞれ領域 $D \subset \boldsymbol{R}^{n+1}, D' \subset \boldsymbol{R}^{n+m+1}$ において連続で，各 x^k について D, D' において連続微分可能としておく．このとき解の単独性が成り立つ（定理 4.4）ので，領域 $\mathcal{D}, \mathcal{D}'$ が前節とまったく同様に定義される．

定理 7.1.（初期値に関する微分可能性）　$f(t,x)$ が D において連続かつ各 x^k について連続微分可能とすると，$(a,b) \in D$ を通る (3.3) の解 $x(t;a,b)$ は $\mathcal{D}$ において a についても各 b^k についても連続微分可能である．

証明　$x(t;a,b)$ が $b^k\,(0 \leq k \leq n-1)$ について連続微分可能であることを示すことにしよう．

$(a,b) \in D$ を固定する．$e_k \in \boldsymbol{R}^n$ を，第 k 成分が 1 で，他の成分はすべて 0 である縦ベクトルとする．証明すべきことは，$(\partial x/\partial b^k)(t;a,b) = \lim_{h\to 0}[x(t;a,b+he_k) - x(t;a,b)]/h$ が存在して，それが $\mathcal{D}$ において連続であるということである．ところで，われわれは一般の微分方程式 (3.3) の解 $x(t;a,b)$ を考えているのであり，関数 $x(t;a,b)$ の具体形を知っているわけではない．そのようなものの b^k に関する連続微分可能性はどうしたら示せるのであろうか．その意味で，以下の証明法は大変教訓的である．

仮に $x = x(t;a,b)$ がみたす方程式

$$\frac{dx(t;a,b)}{dt} = f(t, x(t;a,b))$$

の左辺も右辺も b^k について微分可能であるとし，微分の順序などが交換可能であるとすると，

$$\frac{d}{dt}\frac{\partial x(t;a,b)}{\partial b^k} = f_x(t, x(t;a,b))\frac{\partial x(t;a,b)}{\partial b^k}$$

が成り立つ．ここで f_x は f のヤコビ行列，すなわち (p,q) 成分が $\partial f^p/\partial x^q$ の n 次正方行列である．$\partial x(t;a,b)/\partial b^k$ の $t=a$ における値は e_k である（これは $x(a;a,b)=b$ あるいは $x(t;a,b)$ がみたす積分方程式 (4.1) からわかる）.

そこでパラメータ (a,b) を含む n 連立線形微分方程式

$$\frac{dy}{dt} = A(t,a,b)y \tag{7.1}$$

の初期条件

$$y(a) = e_k \tag{7.2}$$

をみたす解 $y(t,a,b)$ を考えることにする．ここで

$$A(t,a,b) := f_x(t, x(t;a,b))$$

で，f についての仮定と定理 6.2 よりいえる $x(t;a,b)$ の連続性から，行列 A は (t,a,b) の関数として連続である．$(a,b) \in D$ に対して (a,b) を通る (3.3) の解の最大存在区間を I_{ab} と表しているが，(7.1) が線形方程式であるので定理 4.3 より，(7.2) をみたす (7.1) の解の最大存在区間はやはり I_{ab} である．これと (7.1) が線形であること，および定理 6.4 より，(7.2) をみたす (7.1) の解 $y(t,a,b)$ は (t,a,b) の関数として $\mathcal{D}$ において連続である．われわれはこの $y(t,a,b)$ が $\partial x(t;a,b)/\partial b^k$ であろうと推測し，それが正しいことを証明するのである．すなわち任意の $(t,a,b) \in \mathcal{D}$ に対して

$$\frac{x(t;a,b+he_k) - x(t;a,b)}{h} \to y(t,a,b), \qquad h \to 0 \tag{7.3}$$

を示すのである．ここまで来れば後は評価を実行するのみである．

以下 (7.3) の証明の大筋を説明しよう．(a,b) を固定し，$x_0(t) := x(t;a,b)$, $y(t) := y(t,a,b)$ とし，

$$z = x(t;a,b+he_k) - x_0(t) - hy(t) \tag{7.4}$$

と変数変換する．このとき $z = z(t,h)$ は微分方程式

$$\frac{dz}{dt} = g(t,z,h) \tag{7.5}$$

の解で，初期条件

$$z(a) = 0 \tag{7.6}$$

をみたすものである．ここで

$$g(t, z, h) = f(t, z + x_0(t) + hy(t)) - f(t, x_0(t)) - hf_x(t, x_0(t))y(t). \tag{7.7}$$

$x_0(t) := x(t; a, b)$ の存在区間を I_0 とし，$a \in [\alpha, \alpha'] \subset I_0$ とする．$|h|$ が十分小ならば，$(a, b + he_k)$ を通る (3.3) の解が閉区間 $[\alpha, \alpha']$ において存在する（補題 6.1）．$\rho, \eta > 0$ を十分小さくとって

$$E := \{(t, z, h) \mid \alpha \leq t \leq \alpha', \|z\| \leq \rho, |h| \leq \eta\}$$

とする．$g(t, z, h)$ は有界閉領域 E において連続，したがって有界であるが，E における評価をもう少しくわしくする．

$$\begin{aligned} g(t, z, h) &= [f(t, z + x_0(t) + hy(t)) - f(t, x_0(t) + hy(t))] \\ &\quad + [f(t, x_0(t) + hy(t)) - f(t, x_0(t)) - hf_x(t, x_0(t))y(t)] \end{aligned}$$

とし各 f^j について平均値の定理を用いて評価すると，ある定数 L と $h \to 0$ のとき $\varepsilon(h) \to 0$ となる $\varepsilon(h)$ が存在して

$$\|g(t, z, h)\| < L\|z\| + h\varepsilon(h), \qquad (t, z, h) \in E \tag{7.8}$$

が成り立つことが確かめられる．そこで

$$\begin{aligned} &dZ/dt = LZ + h\varepsilon(h), \qquad t \in [a, \alpha'] \\ &Z(a) = 0 \end{aligned} \tag{7.9}$$

$$\begin{aligned} &dW/dt = -LW - h\varepsilon(h), \qquad t \in [\alpha, a] \\ &W(a) = 0 \end{aligned} \tag{7.10}$$

の解を考えると，定理 5.1 より $Z(t)$ はノルム $\|\cdot\|$ に関する右優関数，$W(t)$ は左優関数である．$\|z(a)\| = 0 = Z(a) = W(a)$ であるから

$$\|z(t)\| \leq Z(t) = \frac{h\varepsilon(h)}{L}\left(e^{L(t-a)} - 1\right), \quad t \in [a, \alpha']$$

$$\|z(t)\| \leq W(t) = \frac{h\varepsilon(h)}{L}\left(e^{-L(t-a)} - 1\right), \quad t \in [\alpha, a].$$

よって $h \to 0$ のとき $\|z(t)/h\| \to 0$. これで (7.3) が示された.

解 $x(t;a,b)$ の a に関する連続微分可能性は, $h \to 0$ のとき, $[x(t;a+h,b)-x(t;a,b)]/h$ が線形微分方程式 (7.1) の解で初期条件

$$y(a) = -f(a,b) \tag{7.11}$$

をみたすものに収束することを確かめればよい. □

定理 6.1 から定理 6.3 を導いたのと同じ論法でパラメータを含む方程式 (3.4) に対する次の定理が得られる.

定理 7.2. (初期値とパラメータに関する微分可能性) $f(t,x,u)$ が D' において連続かつ各 x^k 各 u^l について連続微分可能とすると, $(a,b,u) \in D'$ に対して (a,b) を通る (3.4) の解 $x(t;a,b,u)$ は $\mathcal{D}'$ において a についても各 b^k, 各 u^l についても連続微分可能である.

証明は省略するが, パラメータを含む微分方程式 (3.4) の解の初期値と, パラメータに関する高階微分可能性については次の定理が成り立つ.

定理 7.3. (初期値とパラメータに関する高階微分可能性) $f(t,x,u)$ が D' において連続かつ $x^0,\ldots,x^{n-1},u^1,\ldots,u^m$ について r 階連続微分可能とすると, $(a,b,u) \in D'$ に対して (a,b) を通る (3.4) の解 $x(t;a,b,u)$ は, $\mathcal{D}'$ において $b^0,\ldots,b^{n-1}$, $u^1,\ldots,u^m$ について r 階連続微分可能である. したがって $f(t,x,u)$ が D' で連続かつ $x^0,\ldots,x^{n-1},u^1,\ldots,u^m$ について無限回連続微分可能ならば, $x(t;a,b,u)$ は $b^0,\ldots,b^{n-1},u^1,\ldots,u^m$ について無限回連続微分可能である.

注意 7.1. 定理 7.2 と異なり, 定理 7.3 は a についての高階微分可能性は述べていない. これを保証するには, 式 (7.11) からわかるように, $f(t,x,u)$ の t についての高階微分可能性を仮定しなければならない. すなわち a についての高階微分可能性も考えたいときは, 次の事実に注意して定理 7.3 を用いればよい. すなわち, $x(t) = x(t;a,b,u)$ が (a,b) を通る (3.4) の解であるとき, $y(t) := x(t+a)$ は $(0,b)$ を通る $dy/dt = g(t,y,u,a)$ $(g(t,y,u,a) := f(t+a,y,u))$ の解である.

§8. 複素解析的微分方程式の正則な解の存在と解の解析接続

これまでは実変数 t の関数 $x(t)$ についての微分方程式の解の存在とか初期値に関する連続性，微分可能性などを考えてきたが，この節では複素変数 z の関数 $w(z)$ についての微分方程式の解の存在などに関する基礎定理を与える．$dw(z)/dz$ という複素変数 z についての微分が現われるので，解 $w(z)$ は関数論の意味で正則関数でなければならない．解の存在は本書では2通りの方法で証明する．第1は実変数の場合と同様に積分方程式の解の存在に帰着する方法である．第2は，正則関数にふさわしく，形式的べき級数解を求めそれが収束することを示す方法である．前者は後者より簡単である．しかし後者の考え方やテクニックは第4章，第5章で特異点を調べるときに活きてくる．解の正則関数としての接続（解析接続）についても考察する．解の解析接続が解であることが示される（定理 8.6）．また線形の場合の定理 8.7 と定理 8.8 は後で重要な役割を果たす．

考える方程式は (3.1) と形の上では同じ

$$\frac{dw^j}{dz} = f^j(z, w^0, w^1, \ldots, w^{n-1}), \qquad 0 \le j \le n-1 \tag{8.1}$$

という n 連立微分方程式である．z は複素独立変数，$w^0, \ldots, w^{n-1}$ は複素従属変数である．以下，$w = {}^t(w^0, \ldots, w^{n-1})$, $f = {}^t(f^0, \ldots, f^{n-1})$ とおいて (8.1) を

$$\frac{dw}{dz} = f(z, w) \tag{8.2}$$

とベクトル表示することにする．実変数の場合の同様に，初期条件

$$w(a) = b \tag{8.3}$$

をみたす (8.2) の解を，**点 (a, b) を通る (8.2) の解**という．ここで $a \in \boldsymbol{C}, b = {}^t(b^0, \ldots, b^{n-1}) \in \boldsymbol{C}^n$.

8.1. 用語と記号

$\boldsymbol{C}$ 上のベクトル空間 $\boldsymbol{C}^n$ にノルム $\|\cdot\|$ を次のように定義しておく．すなわち，$w = {}^t(w^0, \ldots, w^{n-1}) \in \boldsymbol{C}^n$ に対して

$$\|w\| = \max\{|w^0|, \ldots, |w^{n-1}|\}. \tag{8.4}$$

ここで $|w^j|$ は複素数 w^j の絶対値である．このノルムに対しても $\boldsymbol{R}^n$ のときと同様に

$$
\begin{aligned}
&\|w\| = 0 \iff w = 0 \\
(8.5)\qquad &\|\alpha w\| = |\alpha|\|w\| \qquad (w \in \boldsymbol{C}^n, \alpha \in \boldsymbol{C}) \\
&\|w + w'\| \le \|w\| + \|w'\| \qquad (w, w' \in \boldsymbol{C}^n)
\end{aligned}
$$

が成り立つ．

n 次複素正方行列 A，すなわちベクトル空間 $\boldsymbol{C}^n$ からそれ自身への線形写像 A に対して，その**作用素ノルム**を

$$
(8.6)\qquad \|A\| := \sup_{w \ne 0} \frac{\|Aw\|}{\|w\|} = \sup_{\|w\|=1} \|Aw\|
$$

で定義する．A の (j,k) 成分を a^j_k とすると

$$
(8.7)\qquad \|A\| = \max_{0 \le j \le n-1} \sum_{k=0}^{n-1} |a^j_k|
$$

が成り立つ．また任意の $w \in \boldsymbol{C}^n$ に対して

$$
(8.8)\qquad \|Aw\| \le \|A\|\|w\|
$$

が，任意の n 次複素正方行列 A, B に対して

$$
(8.9)\qquad \|A + B\| \le \|A\| + \|B\|, \qquad \|AB\| \le \|A\|\,\|B\|
$$

が成り立つ．次の補題にも注意しておこう．

補題 8.1. $f(z)$ を $\boldsymbol{C}$ 内の領域 D において定義された連続な複素ベクトル値関数 $f : D \to \boldsymbol{C}^n$ とし，γ を D 内の区分的に滑らかな曲線とすると，次が成り立つ．

$$
(8.10)\qquad \Big\|\int_\gamma f(z)\,dz\Big\| \le \int_\gamma \|f(z)\|\,|dz|.
$$

次に多変数正則関数の定義と 1 つの補題を念のため与えておく．

定義 8.1. 複素空間 $\boldsymbol{C}^m$ 内の領域 D において定義された関数 $f(z^1,\ldots,z^m)$ が D で正則とは，$f(z^1,\ldots,z^m)$ が $(z^1,\ldots,z^m)$ の関数として D で連続で，さらに各 $z^j\ (1\le j\le m)$ について1変数関数として正則ということである．

補題 8.1. $f(z^1,\ldots,z^m)$ が $\boldsymbol{C}^m$ 内の領域 D で正則とすると，任意の $a=(a^1,\ldots,a^m)\in D$ に対して f は a のある近傍において一様に絶対収束するべき級数に展開される．

$$f(z^1,\ldots,z^m)=\sum_{k_1,\ldots,k_m\ge 0} c_{k_1,\ldots,k_m}(z^1-a^1)^{k_1}\cdots(z^m-a^m)^{k_m}. \tag{8.11}$$

複雑な多変数べき級数展開式を簡明に表すために，多重指数 $k=(k_1,\ldots,k_m)$ を導入し

$$(z-a)^k=(z^1-a^1)^{k_1}\cdots(z^m-a^m)^{k_m} \tag{8.12}$$

$$k\ge 0 \iff k_1,\ldots,k_m\ge 0 \tag{8.13}$$

と約束する．こうすれば (8.11) の右辺は $\sum_{k\ge 0}c_k(z-a)^k$ と表される．なお，次で定義される k の長さといわれる $|k|$ も便利な記号である．

$$|k|=k_1+\cdots+k_m. \tag{8.14}$$

以下のため，z 平面 $\boldsymbol{C}$ 内の円板と w 空間 $\boldsymbol{C}^n$ 内の多重円板を表す記号も決めておこう．

$$\begin{aligned} B_z(a;r)&=\{z\in\boldsymbol{C}\mid |z-a|<r\}, && a\in\boldsymbol{C}\\ B_w(b;\rho)&=\{w\in\boldsymbol{C}^n\mid \|w-b\|<\rho\}, && b\in\boldsymbol{C}^n. \end{aligned} \tag{8.15}$$

8.2. 正則な解の存在と単独性

複素解析的微分方程式の正則解の存在と単独性は次のように簡明に述べることができる．

定理 8.1.（正則な解の存在と単独性） 各 $f^j(z,w)$, $0\le j\le n-1$ が $\boldsymbol{C}^{n+1}$ 内の領域 D において正則ならば，任意の点 $(a,b)\in D$ に対して (a,b) を通る (8.2) の正則な解 $w=w(z)$ が局所的にただ1つ存在する．

この節のはじめに述べたように，この定理を 2 通りの方法で証明する．第 1 の方法で得られるものが定理 8.2 と定理 8.3 で，第 2 の方法で得られるものが定理 8.4 である．まず定理 4.1（ピカールの定理）に対応する定理を与える．

関数論における用語上の約束で，ある関数が複素空間内の開集合とは限らない集合 E において正則というのは，E を含むある開集合において正則という意味である．

定理 8.2. 各 $f^j(z,w)$ が閉多重円板 $\overline{B}=\overline{B}_z(a;r)\times\overline{B}_w(b;\rho)$ において正則とする．このとき，(a,b) を通る (8.2) の正則な解が開円板 $B_z(a;r')$ においてただ 1 つ存在する．ここで

$$r'=\min\{r,\frac{\rho}{M}\},\qquad M=\max_{(z,w)\in\overline{B}}\|f(z,w)\|.$$

証明 $w=w(z)$ が (a,b) を通る $B_z(a;r')$ における (8.2) の解であることと，それが次の積分方程式の解であることとは同値である．

$$w(z)=b+\int_a^z f(\zeta,w(\zeta))\,d\zeta,\qquad z\in B_z(a;r'). \tag{8.16}$$

ここで右辺の積分は関数論における線積分の意味で，積分路は $B_z(a;r')$ 内で a と z を結ぶ区分的に滑らかな曲線である．被積分関数 $f(\zeta,w(\zeta))$ が ζ の関数として $B_z(a;r')$ において正則ならばコーシーの積分定理より，この曲線はどのようにとってもよいので，a と z を結ぶ線分としておく．

$f(z,w)$ が $\overline{B}$ において正則であるので，補題 4.1 と同様の考え方である正定数 L があって

$$\|f(z,w)-f(z,w')\|\le L\|w-w'\|,\qquad (z,w),(z,w')\in\overline{B} \tag{8.17}$$

が成り立つことに注意する．

$w_0(z)$ を，$B_z(a;r')$ において正則で $z\in B_z(a;r')$ のとき $w(z)\in B_w(b;\rho)$ となる任意の関数とする．$w_0(z)$ から始めて $w_1(z),\dots,w_m(z),\dots$ を定理 4.1 の証明と同様に決めていく．これが $B_z(a,r')$ における正則で有界な関数列をなすことがわかる．またリプシッツ条件 (8.17) を用いると，この関数列が $B_z(a;r')$ において一様収束することもわかる．この極限関数が求めるものである．解の単独性も (8.17) を用いて示される． □

次に定理 4.2 (リンデレーフの定理) に対応する定理を与える．

定理 8.3. 定理 8.2 と同じ仮定をする．このとき (a,b) を通る (8.2) の正則な解が開円板 $B_z(a;r'')$ においてただ 1 つ存在する．ここで

$$r'' = \min\{r,\ \frac{1}{L}\log(1+\frac{\rho L}{M_0})\}$$
$$M_0 = \max_{z\in \overline{B}_z(a;r)} \|f(z,b)\|$$

で，L は定理 8.2 の証明の中で注意した (8.17) が成り立つリプシッツ定数である．

証明 定理 8.2 の証明と同様に，積分方程式 (8.11) の解が $B_z(a;r'')$ においてただ 1 つ存在することを逐次近似法で示す．第 0 近似関数 $w_0(z)$ としては恒等的に b に等しい関数をとる．後は定理 4.2 の証明における評価式と同様のものを示し，逐次近似関数列 $w_0(z), w_1(z), \ldots, w_m(z), \ldots$ が $B_z(a;r'')$ において一様収束することおよび解の単独性を証明すればよい． □

最後に第 2 の方法による定理を示そう．

定理 8.4. (コーシーの存在定理) 定理 8.2 と同じ仮定のもとで (a,b) を通る $B_z(a;r''')$ において正則な (8.2) の解がただ 1 つ存在する．ここで

$$r''' = r\bigl(1-\exp(-\frac{\rho}{(n+1)Mr})\bigr).$$

証明 $a=0, b=0$ と仮定して一般性を失わないのでそうしておく．$f(z,w)$ の $(z,w)=(0,0)$ における $(n+1)$ 変数のべき級数展開を

$$f(z,w) = \sum_{j+|k|\geq 0} c_{j,k} z^j w^k \tag{8.18}$$

とする．各 $c_{j,k}$ は縦ベクトルである．

$(0,0)$ を通る正則な解 $w(z)$ があったとする．その $z=0$ におけるべき級数展開を

$$w(z) = \sum_{i=1}^{\infty} w_i z^i \tag{8.19}$$

とする．ここで各 w_i は縦ベクトルである．これを

$$\frac{dw}{dz} = \sum_{j+|k|\geq 0} c_{j,k} z^j w^k \tag{8.20}$$

に代入して，両辺を z のべき級数に展開し各 z^{m-1} の係数を等しいとおくと

$$mw_m = \sum_{j+i_1+\cdots+i_{|k|}=m-1} c_{j,k} w_{i_1}^* \cdots w_{i_{|k|}}^*, \qquad m \geq 1 \tag{8.21}$$

特に

$$w_1 = c_{0,0} \tag{8.22}$$

が得られる．(8.21) の右辺の w_i の上添字 $*$ はベクトル w_i の成分番号 $0, 1, \ldots, n-1$ のどれかを表す．(8.21) の右辺に現われる w_i は $i < m$ なるものだけであることに注意すると，(8.2) を形式的にみたす形式的べき級数 (8.19) がただ 1 つ存在することがわかる．これが $B_z(a, r''')$ において収束することがいえればよい．

以下，(8.19) の収束を**優級数**の方法で証明する．優級数の方法とは，(8.19) に対して

$$\|w_i\| \leq W_i, \qquad i \geq 1 \tag{8.23}$$

をみたす収束べき級数 $W(z) = \sum_{i=1}^{\infty} W_i z^i$ をみつけて，(8.19) の収束を示す方法である．ここで $\|\cdot\|$ は (8.4) で定義されるノルムである．

$$C_{j,h} \geq \sum_{|k|=h} \|c_{j,k}\|, \qquad j, h = 0, 1, \ldots \tag{8.24}$$

をみたす $C_{j,h}$ をとり，2 変数 z, W の形式的べき級数 $\sum_{j,h\geq 0} C_{j,h} z^j W^h$ を $F(z, W)$ とおき，次の形式的微分方程式

$$\frac{dW}{dz} = F(z, W) \tag{8.25}$$

を形式的にみたす形式的べき級数解

$$W(z) = \sum_{i=1}^{\infty} W_i z^i \tag{8.26}$$

を考える．このとき $\{W_i\}$ は

$$mW_m = \sum_{j+i_1+\cdots+i_h=m-1} C_{j,h} W_{i_1} \cdots W_{i_h}, \qquad m \geq 1 \tag{8.27}$$

から決まる．特に

$$W_1 = C_{0,0} \tag{8.28}$$

である．このとき (8.21)，(8.22)，(8.24)，(8.27)，(8.28) から，帰納法により (8.23) が得られる．したがって，(8.24) をみたす $\{C_{j,h}\}$ を適当にとって，(8.25) の解 (8.26) が収束するようにできればよい．

コーシーの不等式より

$$\|c_{j,k}\| \leq \frac{M}{r^j \, \rho^{|k|}}, \tag{8.29}$$

よって

$$C_{j,h} = \sum_{|k|=h} \frac{M}{r^j \, \rho^{|k|}} \tag{8.30}$$

とすると，

$$F(z, W) := \sum_{j,h \geq 0} C_{j,h} z^j W^h = \frac{M}{(1-\frac{z}{r})(1-\frac{W}{\rho})^n}. \tag{8.31}$$

(8.31) に対する微分方程式 (8.25) の解で $W(0) = 0$ をみたすものは

$$W(z) = \rho \left[1 - \left\{ 1 + \frac{(n+1)Mr}{\rho} \log(1 - \frac{z}{r}) \right\}^{1/(n+1)} \right] \tag{8.32}$$

である．ここで $\sqrt{1} = 1$, $\log 1 = 0$ なる分枝をとっている．(8.32) は $B_z(0; r''')$ で正則である．したがって (8.32) の $z = 0$ におけるべき級数展開は $B_z(0; r''')$ において収束する． □

定理 8.2（または定理 8.3 または定理 8.4）を用いると実変数の場合の定理 5.2 に対応する次の定理を得る．

定理 8.5.（解の延長） 定理 8.1 と同じ仮定をする．L を $z=a$ を端点とする連続曲線で，$w=w(z)$ を $L-\{a\}$ において正則な（すなわち $L-\{a\}$ を含むある開集合において正則な）(8.2) の解とする．このとき，もし L 上に点 a に収束する点列 $\{a_m\}_{m=1}^{\infty}$ がとれ，$m\to\infty$ のとき $b_m:=w(a_m)$ がある $b\in \boldsymbol{C}^n$ に収束し，かつ $(a,b)\in D$ ならば，$w(z)$ は a の近傍まで (8.2) の正則な解として拡張される．

証明 $(a,b)\in D$ であるから，D に含まれる (a,b) を中心とする閉多重円板 $\overline{B}=\overline{B}_z(a;r)\times\overline{B}_w(b;\rho)$ がとれる．$M=\max_{(z,w)\in\overline{B}}\|f(z,w)\|$ とおき，$r'=\min\{r,\rho/M\}$ とする．定理の仮定から，十分大なる m をとると $|a_m-a|<r'/2$, $\|b_m-b\|<\rho/2$ となる．このとき $\overline{B}_m:=\overline{B}_z(a_m;r'/2)\times\overline{B}_w(b_m;\rho/2)$ は $\overline{B}$ に含まれるので，$M_m:=\max_{(z,w)\in\overline{B}_m}\|f(z,w\|\le M$ となる．定理 8.2 より，$(a_m,b_m)\in D$ を通る (8.2) の正則な解が $B_z(a_m;r'_m)$ において存在する．ただし $r'_m=\min\{r'/2,(\rho/2)/M_m\}$ である．ところで r'_m の定義，$M_m\le M$, r' の定義から $r'_m=r'/2$ がわかる．よって，$a\in B_z(a_m;r'_m)$ となり，定理が証明された． □

8.3. 正則解の解析接続

微分方程式 (8.2) の右辺の関数 $f(z,w)$ が領域 $D\subset \boldsymbol{C}^{n+1}$ において正則であるとする，すなわち各 $f^j(z,w)$, $0\le j\le n-1$ が D で正則とする．定理 8.1 より任意の $(a,b)\in D$ に対して (a,b) を通る (8.2) の正則な解 $w(z)$ が $z=a$ の近傍でただ 1 つ存在する．このとき $w(z)$ の $z=a$ を始点とする連続曲線に沿っての解析接続というものが自然に定義される．解析接続は，これから定義するように微分方程式 (8.2) とは無関係に定義されるものであるが，解析接続の結果も (8.2) の正則な解であるという重要な事実が成り立つ．それを説明しよう．

$z=a$ を始点とする連続曲線 L とは，連続写像 $\varphi:[0,1]\to \boldsymbol{C}$ で $\varphi(0)=a$ なるもののことをいう．点 $\varphi(1)\in \boldsymbol{C}$ を終点という．

$(a,b)\in D$ を通る (8.2) の正則な解 $w(z)={}^t(w^0(z),\ldots,w^{n-1}(z))$ をとって

くる．このとき

定義 8.1. $w(z)$ が $z=a$ を始点とする連続曲線 $L: z=\varphi(t),\ t\in[0,1]$ に沿って**解析接続可能**であるとは，各 t に対して中心が $\varphi(t)$ で半径がある $r(t)>0$ の開円板 $B_t := B_z(\varphi(t); r(t))$ において収束するべき級数の組 $w(z;t) = {}^t(w^0(z;t),\ldots,w^{n-1}(z;t))$ が対応していて（ただし $w(z;0)=w(z)$），次が成り立つことである．すなわち，任意の $t_0\in[0,1]$ に対してある $\varepsilon=\varepsilon(t_0)>0$ が存在し，$t\in[t_0-\varepsilon, t_0+\varepsilon]$ ならば $\varphi(t)\in B_{t_0}$ で各 $w^j(z;t),\ 0\le j\le n-1$ は B_{t_0} において正則な関数 $w^j(z;t_0)$ の点 $z=\varphi(t)$ におけるべき級数展開になっている．

以上の状況にあるとき，関数論の一致の定理から

定理 8.6. 任意の $t\in[0,1]$ に対して $(\varphi(t), w(\varphi(t);t))\in D$ であるとすると，各 t に対して $w(z;t)$ は $z\in B_t,\ (z,w(z;t))\in D$ なる限り，微分方程式 (8.2) の解である．

この定理は普通，“複素解析的な微分方程式の解の解析接続は方程式の特異点にぶつからない限り解である”と簡潔に表現される（解析接続については本講座第7巻の『関数論』の第7章を，上の定理 8.6 については同書の定理 22.1 を参照）．

この節の最後に，微分方程式 (8.2) が線形である場合の解の存在域に関する重要な定理を示そう．すなわち (8.2) が次の形

$$\frac{dw}{dz} = A(z)w + g(z) \tag{8.33}$$

をしている場合を考える．ここで w と $g(z)$ は複素 n 次元縦ベクトル，$A(z)$ は $n\times n$ 行列である．

まず，実変数の場合に定理 4.2（リンデレーフの定理）から線形微分方程式の解の存在区間に関する定理 4.3 を得たのと同様に，定理 8.3 から次の定理が得られることに注意しておく．

定理 8.7.（線形微分方程式の解の存在円板） $A(z), g(z)$ の各成分が複素平面上の領域 D において正則とする．このとき，任意の $a\in D,\ b\in \boldsymbol{C}^n$ に対して

(a,b) を通る (8.33) の正則な解が，a を中心とする D に含まれる任意の開円板 $B_z(a;r)$ においてただ 1 つ存在する．

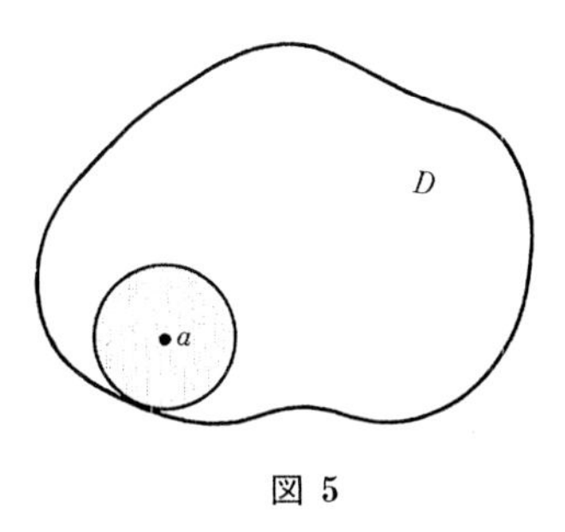

図 5

次の定理が重要である．

定理 8.8.（線形微分方程式の解の解析接続）　定理 8.7 と同じ仮定をする．このとき任意の $a \in D$, $b \in \boldsymbol{C}^n$ と a を始点とする D 内の任意の連続曲線 L に対して，(a,b) を通る (8.33) の解は L に沿って解析接続され，(8.33) の解となる．

証明　解析接続の定義から，D 内の滑らかな曲線 $L: z = \varphi(t)$, $t \in [0,1]$, $\varphi(0) = a$ に沿ってその終点の直前まで解析接続可能ならば，終点までこめて，すなわち L に沿って解析接続可能であることを示せばよい．終点の直前まで解析接続可能とは，任意の $0 < s < 1$ に対して L の部分曲線 $L_s: z = \varphi(t)$, $t \in [0,s]$ に沿って解析接続可能という意味である．

(a,b) を通る解の L に沿っての終点の直前までの解析接続である解を $w(z)$ とする．$w(t) = w(\varphi(t))$ とすると

$$\frac{dw(t)}{dt} = \frac{d\varphi(t)}{dt}\left[A(\varphi(t))w(t) + g(\varphi(t))\right]$$

が得られる．これを実数部分と虚数部分に分解しそれぞれに対応する方程式を求めると，$u(t), v(t)$（ただし $w(t) = u(t) + iv(t)$ ）についての $2n$ 連立 1 階線形微分方程式が得られる．その係数は区間 $[0,1]$ で連続である．したがって，実変数の場合の定理 4.3 から，$t \to 1$ のとき $w(t)$ は，すなわち $w(\varphi(t))$ は極

限をもつ．よって定理 8.5 より，$w(z)$ は L の終点までこめて解析接続される．

□

問 題 2

1. $X(t)$ を区間 $I=[a,a']$ において連続な実数値関数，c, L を非負定数とする．このとき任意の $t \in I$ に対して

$$0 \leq X(t) \leq c + L\int_a^t X(s)\,ds$$

が成り立てば，$0 \leq X(t) \leq c\exp[L(t-a)]$ $(t \in I)$ が成り立つことを示せ．また，この命題を用いて定理 4.1 における解の単独性を示せ．

2. $X(t)$ を区間 $I=[a,a']$ において連続な実数値関数，$c(t), L(t)$ を I において連続な非負実数値関数とする．このとき

$$0 \leq X(t) \leq c(t) + \int_a^t L(s)X(s)\,ds, \quad t \in I$$

が成り立てば

$$0 \leq X(t) \leq c(t) + \int_a^t c(s)L(s)\exp\left[\int_s^t L(u)du\right]ds, \quad t \in I$$

が成り立つことを示せ．結論の（すなわち後者の）の不等式を**グロンウォール・ベルマンの不等式**という．

3. アスコリ・アルツェラの定理（§4 の補題 4.2）を証明せよ．

4. 初期条件 $x(0)=1$ をみたす単独 1 階微分方程式 $dx/dt = x$ をピカールの逐次近似法によって解け．ただし，第 0 近似関数は $x_0(t)=1$ とせよ．

5. 式 (8.32) で与えられる関数 $W(z)$ が開円板 $B_z(0; r''')$ において正則であることを確かめよ．

第3章

線形微分方程式の基礎

これより微分方程式の実質的議論に入る．まずこの章では，線形微分方程式についての基本的な事柄を解説する．§9 で定数係数の斉次線形微分方程式の解法を説明する．§10 の一般論を用いなくても簡単な計算で示せる応用上大事なことは，先にしておこうという考えである．行列の指数関数も導入する．これはきわめて重要なものである．§10 で一般の実変数係数の線形微分方程式の基本について述べる．一般論として最も重要な事実は，斉次線形微分方程式の解全体は複素数体 $\boldsymbol{C}$ 上の有限次元線形空間となることである（定理 10.3, 10.9）．応用上では非斉次方程式の解を求める定数変化法（定理 10.6，10.12）が大事である．周期関数を係数とする斉次線形微分方程式の解の構造に関するフロケの定理（定理 10.13）も与える．§11 では，複素平面内のある領域で正則な関数を係数とする線形微分方程式の基本的事項を説明する．ほとんどの事実は §10 の実変数の場合の簡単な読み換えによって得られるものであるが，ただ1つ大きく異なることは，一般に解が多価関数となることである．したがって，ここで正則関数を係数とする斉次線形微分方程式のモノドロミー表現あるいはモノドロミー群を導入する．これは解の多価性を忠実に表すもので，第4章以下で展開する複素解析的な線形微分方程式の理論におけるきわめて重要な概念の1つである．

§9.　定数係数斉次線形微分方程式の解法

この節では定数係数の斉次線形微分方程式の解の構成方法を考える．応用上よく出てくる解くことのできる微分方程式は，($dw/dt = a(t)b(w)$ という形の単独 1 階微分方程式を除けば）大体このタイプの方程式とそれに非斉次項が付いたものに限られる．後者はこの節の結果と次節の定数変化法（定理 10.6,10.12）を組み合わせて解く．

9.1.　単独高階方程式の場合

第 1 章 §1 の例 1.2 で考察した調和振動を表す微分方程式 (1.7)，あるいは §2 で水素原子のエネルギー準位を決めるとき現われた方程式 (2.14) の一般化である次の微分方程式

$$\frac{d^n w}{dt^n} + a_1 \frac{d^{n-1} w}{dt^{n-1}} + \cdots + a_{n-1} \frac{dw}{dt} + a_n w = 0 \tag{9.1}$$

の解法を考えよう．初期条件は

$$w(a) = b^0,\ \frac{dw}{dt}(a) = b^1, \ldots, \frac{d^{n-1} w}{dt^{n-1}}(a) = b^{n-1} \tag{9.2}$$

としておく．ここで $a_1, \ldots, a_n$ は複素定数，t は実変数，$w(t)$ は複素数値関数，a は任意の実数，$b^0, b^1, \ldots, b^{n-1}$ は任意の複素数である．微分作用素 $L = L(d/dt)$ を

$$L = \left(\frac{d}{dt}\right)^n + a_1 \left(\frac{d}{dt}\right)^{n-1} + \ldots + a_{n-1} \left(\frac{d}{dt}\right) + a_n \tag{9.3}$$

で定める．L は t の関数に t の関数を対応させる写像（作用素ともいう）で，関数 $w(t)$ に (9.1) の左辺を対応させるものである．

λ を任意の定数とするとき

$$\left(\frac{d}{dt}\right) e^{\lambda t} = \lambda e^{\lambda t},\ \left(\frac{d}{dt}\right)^2 e^{\lambda t} = \lambda^2 e^{\lambda t}, \ldots$$

であるから

$$L(d/dt) e^{\lambda t} = L(\lambda) e^{\lambda t} \tag{9.4}$$

である．ここで，(9.4) の右辺は関数 $e^{\lambda t}$ に複素数 $L(\lambda) := \lambda^n + a_1 \lambda^{n-1} + \cdots + a_n$ を掛けた関数を表す．したがって，λ が $L(\lambda) = 0$ をみたせば関数 $e^{\lambda t}$ は (9.1) の解である．

L に対して決まる代数方程式

$$L(X) := X^n + a_1X^{n-1} + \cdots + a_{n-1}X + a_n = 0 \tag{9.5}$$

を (9.1) の**特性方程式**という．これは n 次の代数方程式であるので n 個の根をもつ．それを $\lambda_0, \lambda_1, \ldots, \lambda_{n-1}$ とする．

まず，それらが互いに異なる場合を考えよう．

$$w_0(t) = e^{\lambda_0 t},\ w_1(t) = e^{\lambda_1 t}, \ldots, w_{n-1}(t) = e^{\lambda_{n-1} t} \tag{9.6}$$

とおく．(9.1) の形から $w_k(t)$, $0 \le k \le n-1$ の複素数を係数とする線形結合

$$w(t) = \sum_{k=0}^{n-1} w_k(t)c^k, \qquad c^0, \ldots, c^{n-1} \in \boldsymbol{C} \tag{9.7}$$

も (9.1) の解であることがわかる．任意に与えられた $a, b^0, \ldots, b^{n-1}$ に対して (9.2) をみたすように $c^0, \ldots, c^{n-1}$ が定まるかどうか調べてみよう．$a = 0$ と仮定してよいことに注意する．それは (9.7) において $w_k(t)c^k = e^{\lambda_k t}c^k = e^{\lambda_k(t-a)}(e^{\lambda_k a}c^k)$ であるので，c^k, $0 \le k \le n-1$ のとりかたを変えればよいからである．(9.7) を (9.2) に代入して $c^0, \ldots, c^{n-1}$ がみたすべき関係式を求めると

$$\Lambda c = b \tag{9.8}$$

となる．ここで $c = {}^t(c^0, \ldots, c^{n-1})$, $b = {}^t(b^0, \ldots, b^{n-1})$,

$$\Lambda = \begin{pmatrix} 1 & 1 & \ldots & 1 \\ \lambda_0 & \lambda_1 & \ldots & \lambda_{n-1} \\ \vdots & \vdots & \ddots & \vdots \\ (\lambda_0)^{n-1} & (\lambda_1)^{n-1} & \ldots & (\lambda_{n-1})^{n-1} \end{pmatrix}$$

である．$\det \Lambda$ は線形代数でよく知られたヴァンデルモンドの行列式で

$$(-1)^{n(n-1)/2} \prod_{j<k} (\lambda_j - \lambda_k)$$

に等しく，われわれの仮定より0でない．したがって(9.8)をみたす $c^0,\ldots,c^{n-1}$ がただ1つ存在する．以上をまとめると

定理 9.1. 定数係数の斉次線形微分方程式(9.1)の特性方程式の根 $\lambda_0,\ldots,\lambda_{n-1}$ が互いに異なるとする．このとき(9.1)の解全体は複素数体 $\boldsymbol{C}$ 上の n 次元線形空間である．この線形空間の基底として $e^{\lambda_0 t},\ldots,e^{\lambda_{n-1}t}$ がとれる．

次に，特性方程式(9.5)が重根をもつ場合を考えよう．たとえば λ_0 が2重根であるとしよう．関係式(9.4)において λ をパラメータと考えて両辺を λ で微分してみよう．t と λ は独立な変数だから，$\partial/\partial t$ と $\partial/\partial\lambda$ は可換，よって $(\partial/\partial\lambda)L(\partial/\partial t)=L(\partial/\partial t)(\partial/\partial\lambda)$．また $\partial(e^{\lambda t})/\partial\lambda=te^{\lambda t}$ にも注意すると

$$L(\partial/\partial t)(te^{\lambda t})=L'(\lambda)e^{\lambda t}+L(\lambda)(te^{\lambda t}). \tag{9.9}$$

ここで $L'(\lambda)$ は $L(\lambda)$ の λ についての導関数である．(9.9)において $\lambda=\lambda_0$ とおくと，λ_0 が $L(X)=0$ の2重根であるので，$L(d/dt)(te^{\lambda_0 t})=0$ すなわち $w=te^{\lambda_0 t}$ が(9.1)の解であることがわかる．同様に，$\lambda=\lambda_0$ が m 重根のときは $e^{\lambda_0 t},te^{\lambda_0 t},\ldots,t^{m-1}e^{\lambda_0 t}$ が(9.1)の解となることが確かめられる．

以上より特性方程式(9.5)の互いに異なる根を λ_k, $0\le k\le p-1$ とし，その多重度を m_k とすると $(\sum_{k=0}^{p-1}m_k=n)$，(9.1)は解として

$$t^l e^{\lambda_k t},\qquad 0\le l\le m_k-1,\ 0\le k\le p-1 \tag{9.10}$$

をもつことがわかった．この n 個の解の線形結合の係数が初期条件(9.2)からただ1つ定まることは本章末の問題とする．それを認めれば

定理 9.2. 特性方程式が重根をもつ場合にも，定数係数の斉次線形微分方程式(9.1)の解全体は複素数体 $\boldsymbol{C}$ 上の n 次元線形空間である．特性方程式の互いに異なる根を λ_k, $0\le k\le p-1$ とし，その多重度を m_k とすれば，解のなす線形空間の基底として(9.10)で与えられるものがとれる．

さて，第1章§1の例1.2で調和振動を考察したときは cos とか sin が登場したが，定理9.1，9.2ではそれが現われていないと思われる読者がいるかもしれない．そこで微分方程式(9.1)の係数 $a_1,\ldots,a_n$ がすべて実数の場合には一般に cos, sin が現われる解の基底がとれることを説明しておこう．

$a_1, \ldots, a_n$ がすべて実数であると仮定しよう．このとき初期値 $b^0, \ldots, b^{n-1}$ もすべて実数ならば (9.2) をみたす (9.1) の解は実数値関数となる．したがって，解全体のなす線形空間の基底として実数値関数だけからなるものを与えておくことも重要である．実数値関数の基底をとると，その中に cos, sin が現われることがある．特性方程式 (9.5) の互いに異なる実根を λ_k, $0 \leq k \leq p-1$ とし，その多重度を m_k とする．定理 9.2 におけるこれらの根に対応する解

$$t^l e^{\lambda_k t}, \qquad 0 \leq l \leq m_k - 1,\ 0 \leq k \leq p-1 \tag{9.11}$$

は実数値関数である．ところで (9.5) の根 λ が虚根，すなわち $\lambda = \mu + i\nu$, $\mu, \nu \in \boldsymbol{R}$, $\nu \neq 0$, $i = \sqrt{-1}$ ならば，その複素共役 $\overline{\lambda} = \mu - i\nu$ も (9.5) の根である．それは (9.5) が実係数であるからである．λ が m 重根とすると $\overline{\lambda}$ も m 重根である．よって定理 9.2 より，任意の l, $0 \leq l \leq m-1$ に対して $w(t) := t^l e^{(\mu+i\nu)t} = t^l e^{\mu t}(\cos \nu t + i \sin \nu t)$ も $\overline{w}(t) = t^l e^{(\mu - i\nu)t} = t^l e^{\mu t}(\cos \nu t - i \sin \nu t)$ も解，したがって

$$\frac{w(t) + \overline{w}(t)}{2} = t^l e^{\mu t} \cos \nu t, \qquad \frac{w(t) - \overline{w}(t)}{2i} = t^l e^{\mu t} \sin \nu t$$

も (9.1) の解でこれは実数値関数である．このようなことを (9.5) のすべての根に対して行うと次の定理が得られる．

定理 9.3. 定数係数の斉次線形微分方程式 (9.1) の係数 $a_1, \ldots, a_n$ がすべて実数であるとする．(9.1) の特性方程式 (9.5) の互いに異なる実根を λ_k, $0 \leq k \leq p-1$，虚根を $\lambda_k = \mu_k + i\nu_k$, $\overline{\lambda}_k = \mu_k - i\nu_k$, $p \leq k \leq p+q-1$ とし，それぞれの多重度を m_k とする $\left(\sum_{k=0}^{p-1} m_k + 2\sum_{k=p}^{p+q-1} m_k = n\right)$．このとき，(9.1) の解全体のなす線形空間の基底として実数値関数 (9.11) および

$$t^l e^{\mu_k t} \cos \nu_k t,\ t^l e^{\mu_k t} \sin \nu_k t, \quad 0 \leq l \leq m_k,\ p \leq k \leq p+q-1 \tag{9.12}$$

の n 個のものをとることができる．これらは (9.1) の複素数値関数解全体のなす複素線形空間の基底であると同時に，(9.1) の実数値関数解全体のなす実線形空間の基底でもある．

9.2. 連立 1 階方程式の場合

次に，定数係数の斉次線形連立 1 階微分方程式

$$\frac{dw}{dt} = Aw \tag{9.13}$$

を考えよう．ここで $w = {}^t(w^0, \ldots, w^{n-1})$ は複素 n 次元縦ベクトル，t は実変数，A は $n \times n$ 複素定数行列である．初期条件は

$$w(a) = b \tag{9.14}$$

とする．ただし $a \in \boldsymbol{R}$, $b = {}^t(b^0, \ldots, b^{n-1}) \in \boldsymbol{C}^n$ である．(9.13) に対して $n \times n$ 複素行列 W に関する方程式

$$\frac{dW}{dt} = AW \tag{9.15}$$

を (9.13) **に付随する行列微分方程式**という．縦ベクトル $b_0, \ldots, b_{n-1} \in \boldsymbol{C}^n$ を横に並べた定数行列を B とし，初期条件

$$W(a) = B \tag{9.16}$$

をみたす (9.15) の解を $W(t)$ とする．この $W(t)$ の第 k 列 $(0 \leq k \leq n-1)$ を $w_k(t)$ とすると，それは初期条件 $w_k(a) = b_k$ をみたす (9.13) の解である．

この小節の目的は (9.14) をみたす (9.13) の解を構成する方法を説明すること，そのために行列の指数関数を導入し，その性質を調べることである．最も簡単な $n = 1$ の場合は前小節で説明した (9.1) の $n = 1$ の場合である．このときは行列 A はスカラーであり，$w = e^{A(t-a)}b$ が求めるものである．これから一般の n に対しても，行列 $A(t-a)$ の指数関数である行列 $e^{A(t-a)} = \exp A(t-a)$ が定義され，これに右側から縦ベクトル b を掛けたものが (9.14) をみたす (9.13) の解となると予想される．問題は一般の $n \times n$ 行列 A に対して行列 $\exp A$ をいかに定義するかである．

関数論でよく知られているように複素変数 $z \in \boldsymbol{C}$ の指数関数 $\exp z$ は

$$\exp z = \sum_{m=0}^{\infty} \frac{z^m}{m!} \tag{9.17}$$

と定義されるのであった．この類推で正方行列 A の指数関数 $\exp A$ を

$$\exp A = \sum_{m=0}^{\infty} \frac{A^m}{m!} \tag{9.18}$$

で定義する．ここで A^m は正方行列 A の m 個の積，すなわち A の m 乗を表し，A^0 は単位行列 I を表す．

(9.18) の右辺が収束することをみよう．それには行列の作用素ノルム (8.7) を用いると便利である．$\|I\| = 1$ と不等式 (8.9) より，任意の M に対して

$$\left\| \sum_{m=0}^{M} \frac{A^m}{m!} \right\| \leq \sum_{m=0}^{M} \frac{\|A\|^m}{m!} \leq e^{\|A\|}$$

がいえる．この不等式と複素数の完備性から，解析学の常套的論法によって，(9.18) の収束が示される．

問 9.1.　(9.18) の右辺の収束を証明せよ．

補題 9.1.　任意の定数行列 A に対して次が成り立つ．

$$\frac{d}{dt} \exp At = A \exp At, \qquad \exp At|_{t=0} = I.$$

証明　後者は明らかである．よって前者を示す．A を固定したとき

$$\exp At = \sum_{m=0}^{\infty} \frac{A^m}{m!} t^m$$

は任意の $t \in \boldsymbol{C}$ について収束するので関数論の収束べき級数に関する定理（たとえば本講座 7『関数論』の定理 12.4）より項別微分できる．　□

この補題より

定理 9.4.　(9.14) をみたす (9.13) の解は $w = (\exp A(t-a))b$ である．

行列の指数関数についての性質をまとめておこう．

補題 9.2.

(i)　$AB = BA$ ならば $\exp(A+B) = \exp A \exp B$.

(ii)　$(\exp A)^{-1} = \exp(-A)$.

(iii)　$T \in GL(n, \boldsymbol{C})$ に対して $T^{-1}(\exp A)T = \exp(T^{-1}AT)$.

(iv)　$\det \exp A = \exp(\operatorname{Tr} A)$.

問 9.2. 補題 9.2 を証明せよ．

以下簡単のため，初期条件 (9.14) において $a=0$ とする．このとき (9.14) をみたす (9.13) の解は $w=(\exp At)b$ となる．この $\exp At$ を (9.13) の**基本系行列**という．(9.13) の解全体は n 次元複素線形空間となるが，基本系行列の n 個の列ベクトルがその基底をなすからである．方程式 (9.13) に適当な線形変換

$$w = Tv \tag{9.19}$$

（ここで $T \in GL(n, \boldsymbol{C})$ ）を行い，v に関する基本系行列をみやすいものにしてみよう．変換 (9.19) により (9.13) は

$$\frac{dv}{dt} = A'v, \qquad A' = T^{-1}AT \tag{9.20}$$

に変わる．(9.20) の基本系行列は $\exp A't$ である．線形代数でよく知られているように，T を適当にとって A' を A のジョルダン標準形

$$A' = \bigoplus_{k=1}^{l} A'_k \tag{9.21}$$

にできる．ここで A'_k は $n_k \times n_k$ 行列で対角成分はすべて λ_k，対角線の 1 つ右または上の斜線上の成分はすべて 1，他はすべて 0 なるものである．$\bigoplus_{k=1}^{l} A'_k$ は k 番目（$1 \leq k \leq l$）の対角ブロックが A'_k で他のブロックはすべて 0 行列である $n \times n$ 行列を表す．もちろん $\sum_{k=1}^{l} n_k = n$ である．

$$\exp A't = \bigoplus_{k=1}^{l} \exp A'_k t \tag{9.22}$$

が容易に確かめられるので，$\exp A't$ を調べるためには 1 つのブロック A'_k に対応する $\exp A'_k t$ についてすれば十分である．よって A' が 1 つのブロックからなる場合を考える．

I を n 次単位行列とし，S は対角線の 1 つ右または上の斜線上の成分だけ

が 1 で他は 0 の行列，すなわち

$$S = \begin{pmatrix} 0 & 1 & 0 & \dots & 0 & 0 \\ 0 & 0 & 1 & \dots & 0 & 0 \\ 0 & 0 & 0 & \dots & 0 & 0 \\ \vdots & \vdots & \vdots & \ddots & \vdots & \vdots \\ 0 & 0 & 0 & \dots & 0 & 1 \\ 0 & 0 & 0 & \dots & 0 & 0 \end{pmatrix} \tag{9.23}$$

とすると，A' は

$$A' = \lambda I + S \tag{9.24}$$

と書ける．I と S は可換だから補題 9.2, (i) より

$$\exp A't = \exp \lambda t \exp St \tag{9.25}$$

である．ところで，簡単な計算より S^2 は対角線の 2 つ右または上の斜線上の成分だけが 1 で他は 0 の行列，一般に S^j は対角線の j 個右または上の斜線上の成分だけが 1 で他は 0 の行列であることがわかる．特に $S^n = 0$ であるので

$$\exp St = I + \sum_{m=1}^{n-1} S^m \frac{t^m}{m!} \tag{9.26}$$

である．これより $\exp St$ は特殊な形をした t の $n-1$ 次式であることがわかる．(9.25) と (9.26) より $\exp A't$ の非常にくわしい形がわかったことになる．

§10. 実変数線形微分方程式の一般的性質

この節では，独立変数が実数の線形微分方程式の基本的性質を述べる．ただし方程式の係数は一般に複素数値関数とし，したがって解も複素数値関数とする．係数が実数値関数で解も実数値関数の場合は，この特別な場合である．前節とは逆に，はじめに連立 1 階方程式を，次に単独高階方程式を扱う．

10.1. 連立 1 階線形微分方程式

考える方程式を

$$\frac{dw}{dt} = A(t)w \tag{10.1}$$

または

$$\frac{dw}{dt} = A(t)w + f(t) \tag{10.2}$$

とし，初期条件を

$$w(a) = b \tag{10.3}$$

とする．ここで t は実変数，w は複素 n 次元縦ベクトルの従属変数，$A(t)$ は成分が複素数値関数である $n \times n$ 行列，$f(t)$ は成分が複素数値関数である n 次元縦ベクトル，a は実定数，b は複素 n 次元定数ベクトルである．(10.1) を斉次線形微分方程式，(10.2) を非斉次線形微分方程式という．

係数がある区間 I で連続な関数のとき，任意の $a \in I$, $b \in \boldsymbol{C}^n$ に対して初期条件 (10.3) をみたす (10.1) または (10.2) の解が I 全体でただ 1 つ存在することを念のため示しておこう（§4 の定理 4.3 は係数が実数値関数で初期値も実ベクトルの場合の命題であった）．(10.2) の方が (10.1) より一般の形をしているので，(10.2) についての命題として述べよう．

定理 10.1.　$A(t)$ を区間 I において連続な複素行列値関数，$f(t)$ を I において連続な複素ベクトル値関数とする．このとき，任意の $a \in I$, $b \in \boldsymbol{C}^n$ に対して初期条件 (10.3) をみたす (10.2) の解が，区間 I においてただ 1 つ存在する．

証明　w, $A(t)$, $f(t), b$ を実部と虚部に分解する．

$$w = x + iy,\ A(t) = B(t) + iC(t),\ f(t) = g(t) + ih(t),\ b = c + ie.$$

ここで $i = \sqrt{-1}$．このとき (10.2)，(10.3) は

$$\frac{dx}{dt} = B(t)x - C(t)y + g(t), \quad \frac{dy}{dt} = C(t)x + B(t)y + h(t)$$

$$x(a) = c, \quad y(a) = e$$

に同値である．これは実数値関数を係数とする x, y に関する $2n$ 連立 1 階線形微分方程式で，初期値も実数ベクトルである．したがって定理 4.3 が適用できて，定理が得られる．　□

まず，非斉次方程式 (10.2) の解と斉次方程式 (10.1) の解との間の関係に注意しておこう．

定理 10.2. $w_0(t)$ を (10.2) の解とする．このとき $w_0(t)$ に (10.1) の解を加えたものは (10.2) の解である．また (10.2) の解はすべてこのようにして得られる．

証明 前半は明らかであるので，後半をみる．$w(t)$ を (10.2) の任意の解とする．このとき $w = w(t) - w_0(t)$ は (10.1) の解となる．よって後半も示された． □

この定理により，線形微分方程式の研究では斉次線形微分方程式のそれが重要であることがわかる．後で示すように非斉次方程式の解も斉次方程式の解から作れる（定数変化法）．そこでしばらくは斉次方程式 (10.1) の性質を調べることにする．

(10.1) の任意の解 $w_k(t)$, $0 \leq k \leq m-1$ と任意の複素数 c^k, $0 \leq k \leq m-1$ に対して $\sum_{k=0}^{m-1} w_k(t)c^k$ も (10.1) の解になる．したがって (10.1) の解全体は $\boldsymbol{C}$ 上の線形空間，すなわち複素線形空間となる．恒等的に 0 ベクトルに等しい解が零元である．この複素線形空間の次元が n であること，すなわち次の定理が成り立つことに注意しよう．

定理 10.3. (10.1) の解全体は n 次元複素線形空間をなす．

証明 b_k, $0 \leq k \leq n-1$ を $\boldsymbol{C}^n$ の基底とし，任意に固定された $a \in I$ に対して

$$w_k(a) = b_k, \qquad 0 \leq k \leq n-1 \tag{10.4}$$

をみたす (10.1) の解を $w_k(t)$ とする．この n 個の解 $w_k(t)$, $0 \leq k \leq n-1$ が解全体のなす線形空間の基底になることを示す．それには，(10.1) の任意の解 $w(t)$ に対して $w(t) \equiv \sum_{k=0}^{n-1} w_k(t)c^k$ となる $c^0, \ldots, c^{n-1}$ がただ 1 つ存在することいえばよい．$w(a) = b = {}^t(b^0, \ldots, b^{n-1})$ としたとき b_k, $0 \leq k \leq n-1$ が $\boldsymbol{C}^n$ の基底であるので，$b = \sum_{k=0}^{n-1} b_k c^k$ となる $c^0, \ldots, c^{n-1}$ がただ 1 つ存在する．このように $c^0, \ldots, c^{n-1}$ をとると (10.1) の解 $w(t)$ と $\sum_{k=0}^{n-1} w_k(t)c^k$ は初期条

件が一致するので，定理 10.1 の解の単独性の部分より $w(t) \equiv \sum_{k=0}^{n-1} w_k(t)c^k$ となる．これで定理が証明された． □

次に与えられた n 個の解の線形独立性を判定する条件，すなわちそれらが解全体のなす線形空間の基底であるかどうかを判定する条件を考えよう．$w_0(t), \ldots, w_{n-1}(t)$ を (10.1) の n 個の解とする．これらの縦ベクトル値関数を横に並べて得られる行列値関数を $W(t)$ と表す．すなわち

$$W(t) = \big(w_0(t), \ldots, w_{n-1}(t)\big) \tag{10.5}$$

とする．

まず，ある $a \in I$ に対して $\det W(a) \neq 0$ としよう．このとき定理 10.3 の証明と同様の論法で $w_0(t), \ldots, w_{n-1}(t)$ が線形独立であることがわかる．

次にある $a \in I$ に対して $\det W(a) = 0$ としよう．このとき線形代数でよく知られているように，すべてが 0 ではない $c^0, \ldots, c^{n-1} \in \boldsymbol{C}$ が存在して $\sum_{k=0}^{n-1} w_k(a)c^k = 0$ が成り立つ．$\sum_{k=0}^{n-1} w_k(t)c^k$ は (10.1) の解で $t = a$ で 0 となるので，定理 10.1 の解の単独性の主張から $\sum_{k=0}^{n-1} w_k(t)c^k \equiv 0$. したがって $w_0(t), \ldots, w_{n-1}(t)$ は線形従属である．以上より次の定理が示された．

定理 10.4.

(i) $\det W(t)$ は決して 0 にならないか，恒等的に 0 であるかのいずれかである．

(ii) $w_0(t), \ldots, w_{n-1}(t)$ が線形独立 $\Longleftrightarrow$ すべての $t \in I$ に対して $\det W(t) \neq 0$.

この定理の (i) は次の重要な公式 (10.6) からもいえる．

定理 10.5.

$$\det W(t) = (\det W(a)) \exp\left(\int_a^t \mathrm{Tr} A(s)\, ds\right). \tag{10.6}$$

問 10.1. $d[\det W(t)]/dt = [\mathrm{Tr} A(t)] \det W(t)$ を示すことにより (10.6) を証明せよ．

任意の t について $\det W(t) \neq 0$ であるとき，(10.5) で定義される $W(t)$ を (10.1) の**基本系行列**という．行列 $W(t)$ が (10.1) の基本系行列とは，(10.1) に

付随する行列微分方程式

$$dW/dt = A(t)W \tag{10.7}$$

の解で，ある t に対して，したがってすべての t に対して $\det W(t) \neq 0$ をみたすものということもできる．

この小節の最後に，斉次方程式 (10.1) の基本系行列がわかっているとき，非斉次方程式 (10.2) の解を求める公式を導いておこう．$W(t)$ を (10.1) の基本系行列とする．このとき (10.1) のすべての解は $W(t)c$, $c = {}^t(c^0, \ldots, c^{n-1}) \in \boldsymbol{C}^n$ という形で与えられる．これは $W(t)c = \sum_{k=0}^{n-1} w_k(t)c^k$ （$w_k(t)$ は $W(t)$ の第 k 列ベクトル）からわかる．そこで定数ベクトル c をベクトル値関数 $c(t)$ にとって (10.2) の解を作ることを考える．この方法を**定数変化法**というのである．

$W(t)c(t)$ を (10.2) に代入し，$W(t)$ が (10.7) の解であることを用いると，$dc(t)/dt = W(t)^{-1}f(t)$ が得られる．よって $c(t) = \int^t W(s)^{-1}f(s)\,ds$ である．積分の下端は何でもよいので省略した．これと定理 10.2 を組み合わせると

定理 10.6. （非斉次線形方程式の解） (10.1) の基本系行列を $W(t)$ とすると (10.2) の任意の解は

$$w(t) = W(t)\left(c + \int^t W(s)^{-1}f(s)\,ds\right) \tag{10.8}$$

という形で与えられる．特に，初期条件 (10.3) をみたすものは

$$w(t) = W(t)\left(W(a)^{-1}b + \int_a^t W(s)^{-1}f(s)\,ds\right) \tag{10.9}$$

である．

10.2. 単独高階線形微分方程式

この小節で考える方程式は

$$\frac{d^n w}{dt^n} + a_1(t)\frac{d^{n-1}w}{dt^{n-1}} + \cdots + a_{n-1}(t)\frac{dw}{dt} + a_n(t)w = 0 \tag{10.10}$$

または

$$\frac{d^n w}{dt^n} + a_1(t)\frac{d^{n-1}w}{dt^{n-1}} + \cdots + a_{n-1}(t)\frac{dw}{dt} + a_n(t)w = f(t) \tag{10.11}$$

で，初期条件は

$$w(a)=b^0,\ \frac{dw}{dt}(a)=b^1,\ \ldots,\ \frac{d^{n-1}w}{dt^{n-1}}(a)=b^{n-1} \tag{10.12}$$

とする．ここで t は実変数，w は複素従属変数，$a_1(t),\ldots,a_n(t),f(t)$ は区間 I で連続な複素数値関数，a は実定数，$b^0,\ldots,b^{n-1}$ は複素定数である．(10.10) を斉次線形微分方程式，(10.11) を非斉次線形微分方程式という．

(10.10) より一般の形をしている (10.11) について，初期条件 (10.12) をみたす解の存在と単独性をまず示しておこう．(10.11) は

$$v^0=w,\ v^1=\frac{dw}{dt},\ldots,v^{n-1}=\frac{d^{n-1}w}{dt^{n-1}} \tag{10.13}$$

により従属変数の数を増やし，縦ベクトル v を $v={}^t(v^0,\ldots,v^{n-1})$ で定めると，次の連立1階線形微分方程式

$$\frac{dv}{dt}=A(t)v+g(t) \tag{10.14}$$

となり，初期条件 (10.12) は

$$v(a)={}^t(b^0,\ldots,b^{n-1}) \tag{10.15}$$

となる．ここで

$$A(t)=\begin{pmatrix} 0 & 1 & 0 & \ldots & 0 & 0 \\ 0 & 0 & 1 & \ldots & 0 & 0 \\ 0 & 0 & 0 & \ldots & 0 & 0 \\ \vdots & \vdots & \vdots & \ddots & \vdots & \vdots \\ 0 & 0 & 0 & \ldots & 0 & 1 \\ -a_n(t) & -a_{n-1}(t) & -a_{n-2}(t) & \ldots & -a_2(t) & -a_1(t) \end{pmatrix} \tag{10.16}$$

$$g(t)={}^t(0,0,\ldots,0,f(t)). \tag{10.17}$$

(10.11)，(10.12) と $A(t),g(t)$ が (10.16)，(10.17) で与えられる (10.14)，(10.15) の関係は，くわしくいえば次のようである．すなわち，(10.12) をみた

す (10.11) の解 $w(t)$ に対して (10.13) により定まるベクトル値関数 $v(t) = {}^t(v^0(t), \ldots, v^{n-1}(t))$ は (10.15) をみたす (10.14) の解であり，逆に (10.15) をみたす (10.14) の解 $v(t)$ の第 0 成分 $v^0(t)$ は (10.12) をみたす (10.11) の解である．したがって定理 10.1 より次の定理を得る．

定理 10.7. $a_1(t), \ldots, a_n(t), f(t)$ が区間 I において連続な複素数値関数ならば，任意の $a \in I$, $b^0, \ldots, b^{n-1} \in \boldsymbol{C}$ に対して初期条件 (10.12) をみたす (10.11) の解が区間 I においてただ 1 つ存在する．

非斉次方程式 (10.11) の解と斉次方程式 (10.10) の解の間の次の関係は定理 10.2 とまったく同様に示される．

定理 10.8. $w_0(t)$ を (10.11) の 1 つの解とすると，$w_0(t)$ に (10.10) の解を加えたものは (10.11) の解であり，また (10.11) のすべての解はこのようにして得られる．

斉次方程式 (10.10) の解全体がもつ線形構造についての次の定理が，定理 10.3 の証明と同様に定理 10.7 を用いて示される．

定理 10.9. (10.10) の解全体は n 次元複素線形空間をなす．

問 10.2. 定理 10.9 を証明せよ．

次に (10.10) の n 個の解 $w_0(t), \ldots, w_{n-1}(t)$ の線形独立性を判定する条件を考えよう．それを述べるためには次で定義される $w_0, \ldots, w_{n-1}$ の**ロンスキー行列式** $W(t; w_0, \ldots, w_{n-1})$ が必要である．

$$\det \begin{pmatrix} w_0(t) & w_1(t) & \ldots & w_{n-1}(t) \\ w_0'(t) & w_1'(t) & \ldots & w_{n-1}'(t) \\ \vdots & \vdots & \ddots & \vdots \\ w_0^{(n-1)}(t) & w_1^{(n-1)}(t) & \ldots & w_{n-1}^{(n-1)}(t) \end{pmatrix}. \tag{10.18}$$

ここで $w_k'(t) = dw_k(t)/dt, \ldots, w_k^{(n-1)}(t) = d^{n-1}w_k(t)/dt^{n-1}$ である．定理 10.4 の証明と同様に定理 10.7 を用いて次の定理を証明できる．

定理 10.10.

(i) $W(t; w_0, \ldots, w_{n-1})$ は決して 0 にならないか，恒等的に 0 であるかのどちらかである．

(ii) $w_0(t), \ldots, w_{n-1}(t)$ が線形独立 $\iff$ すべての $t \in I$ に対して $W(t; w_0, \ldots, w_{n-1}) \neq 0$.

問 10.3. 定理 10.10 を証明せよ．

なお，上の定理の (i) は，定理 10.5 と (10.16) より得られる次の公式からも示される．

定理 10.11.

$$\begin{aligned} &W(t; w_0, \ldots, w_{n-1}) \\ &= W(a; w_0, \ldots, w_{n-1}) \exp\left(-\int_a^t a_1(s)\, ds\right). \end{aligned} \tag{10.19}$$

最後に，斉次方程式 (10.10) の解の基底を用いて非斉次方程式 (10.11) の解を構成する公式を与えておこう．これは定理 10.6 から導かれる．

定理 10.12. (非斉次線形方程式の解) (10.10) の n 個の線形独立な解を $w_0(t), \ldots, w_{n-1}(t)$ をすると，(10.11) の任意の解は

$$\sum_{k=0}^{n-1} w_k(t) \left(c^k + \int_a^t \frac{W_k(s; w_0, \ldots, w_{n-1})}{W(s; w_0, \ldots, w_{n-1})} f(s)\, ds \right) \tag{10.20}$$

という形で与えられる．ここで $W_k(t; w_0, \ldots, w_{n-1})$ はロンスキー行列式 $W(t; w_0, \ldots, w_{n-1})$ の $(n-1, k)$ 余因子で，$c^0, \ldots, c^{n-1} \in \boldsymbol{C}$.

問 10.4. (10.19), (10.20) を証明せよ．

10.3. 周期関数を係数とする線形微分方程式

線形微分方程式 (10.1) において係数行列関数 $A(t)$ が周期 ω の周期関数である場合を考える．

$$A(t + \omega) = A(t), \qquad t \in \boldsymbol{R}. \tag{10.21}$$

$W(t)$ を (10.1) の基本系行列とする．定義より任意の $t \in \boldsymbol{R}$ に対して

$\det W(t) \neq 0$ である．$W(t+\omega)$ を t の関数とみたとき，(10.21) よりこれも (10.1) に付随する行列微分方程式 (10.7) の解である．したがって $W(t+\omega)$ も (10.1) の基本系行列である．よってある定数行列 $M \in GL(n, \boldsymbol{C})$ で

$$W(t+\omega) = W(t)M \tag{10.22}$$

となるものが存在する．

$\det M \neq 0$ であるので定数行列 Λ で

$$\exp \Lambda\omega = M \tag{10.23}$$

をみたすものが存在する（このような Λ は一意的ではない）．さて $P(t)$ を

$$P(t) = W(t) \exp(-\Lambda t) \tag{10.24}$$

と定義しよう．このとき $P(t+\omega) = W(t+\omega) \exp(-\Lambda(t+\omega)) = W(t)MM^{-1}$ $\exp(-\Lambda t) = P(t)$，すなわち $P(t)$ は周期 ω の周期関数である．よって次の定理が得られた．

定理 10.13.（フロケの定理） $\boldsymbol{R}$ において連続な $A(t)$ が周期 ω の周期関数ならば，(10.1) の基本系行列 $W(t)$ は

$$W(t) = P(t) \exp \Lambda t \tag{10.25}$$

と表される．ここで $P(t)$ は周期 ω の周期関数，Λ は定数行列である．

問 10.5. $\det M \neq 0$ のとき (10.23) をみたす Λ が存在することを証明せよ．

この定理における Λ の固有値を (10.1) の**特性指数**，$M = \exp \Lambda\omega$ の固有値を (10.1) の**特性乗数**という．具体的な方程式に対して特性乗数あるいは特性指数を求めることは，きわめて重要な問題である．しかし，これは大変むずかしい問題でもある．

$A(t)$ が周期関数のとき (10.1) は円周 S^1 上の微分方程式とみることもできる．このように考えるときは，(10.22) は円周上のある点から出発した基本系行列が円周を 1 周してもとの点に戻ってきたとき，どのように変化しているか

を（すなわち基本系行列の多価性を）示す関係式とみることができる．行列 M がその多価性を表しており，M が単位行列ならば1価ということである．次節で複素領域における線形微分方程式の解の多価性を表すモノドロミー表現あるいはモノドロミー群を定義するが，M で生成される $GL(n,\boldsymbol{C})$ の部分群は S^1 上の線形微分方程式 (10.1) のモノドロミー群ということもできる．

例 10.1. 周期関数を係数とする微分方程式としてよく知られたものに，**マチウの微分方程式**といわれる

$$\frac{d^2w}{dt^2}+(a+16q\cos 2t)w=0 \tag{10.26}$$

(a,q は定数）がある．$v^0=w,\ v^1=dw/dt$，$v={}^t(v^0,v^1)$ とすれば，これは

$$\frac{dv}{dt}=\begin{pmatrix}0 & 1\\ -a-16q\cos 2t & 0\end{pmatrix}v \tag{10.27}$$

と書かれる．

§11.　複素領域における線形微分方程式，モノドロミー表現

前節で与えた結果は，係数が複素平面内の領域で正則な関数である線形微分方程式に対しても，適当に読み換えることによってすべて成り立つことが確かめられる．それらをくり返すのは退屈であるので，この節では以下の章で直接必要となることだけを簡単に述べ，その後，解の多価性を表すモノドロミー表現およびモノドロミー群の定義をする．モノドロミー群については，簡単な例でその計算をし，解の多価性がモノドロミー群から決まる様子をみる．

11.1.　一般的性質

この節では単独高階線形微分方程式

$$\frac{d^nw}{dz^n}+a_1(z)\frac{d^{n-1}w}{dz^{n-1}}+\cdots+a_{n-1}(z)\frac{dw}{dz}+a_n(z)w=0 \tag{11.1}$$

または

$$\frac{d^nw}{dz^n}+a_1(z)\frac{d^{n-1}w}{dz^{n-1}}+\cdots+a_{n-1}(z)\frac{dw}{dz}+a_n(z)w=f(z) \tag{11.2}$$

を考える．ここで，$a_1(z),\dots,a_n(z),f(z)$ は複素平面 $\boldsymbol{C}$ 内の領域 D において正則であるとする．(11.1) または (11.2) の初期条件を

$$w(a) = b^0,\ \frac{dw}{dz}(a) = b^1,\ \ldots,\ \frac{d^{n-1}w}{dz^{n-1}}(a) = b^{n-1} \tag{11.3}$$

とする．ここで $a \in D$, $b^0, \ldots, b^{n-1} \in \boldsymbol{C}$.

前節での考察と同様に

$$v^0 = w,\ v^1 = \frac{dw}{dz}, \ldots, v^{n-1} = \frac{d^{n-1}w}{dz^{n-1}} \tag{11.4}$$

により従属変数を増やすと，(11.1) または (11.2) は $v = {}^t(v^0, \ldots, v^{n-1})$ に関する連立 1 階線形微分方程式

$$dv/dz = A(z)v \tag{11.5}$$

または

$$dv/dz = A(z)v + g(z) \tag{11.6}$$

に，初期条件 (11.3) は

$$v(a) = {}^t(b^0, \ldots, b^{n-1}) \tag{11.7}$$

になる（ここで行列 $A(z)$ または $g(z)$ は，それぞれ (10.16) において各 $a_k(t)$ を正則関数 $a_k(z)$ に，または (10.17) において $f(t)$ を正則関数 $f(z)$ に置き換えたものである）．$w(z)$ が (11.3) をみたす (11.1) または (11.2) の正則な解ならば，(11.4) で定義されるベクトル値関数 $v(z) = {}^t(v^0(z), \ldots, v^{n-1}(z))$ は (11.7) をみたす (11.5) または (11.6) の正則な解であり，逆に $v(z)$ が (11.7) をみたす (11.5) または (11.6) の正則な解ならば，$v(z)$ の第 0 成分 $v^0(z)$ は (11.3) をみたす (11.1) または (11.2) の正則な解である．したがって定理 8.7 より，(11.1) または (11.2) の解の存在と単独性に関する定理が得られる．方程式 (11.1) は (11.2) の特別な場合であるので，方程式 (11.2) に対する定理を与えよう．

定理 11.1. $a_1(z), \ldots, a_n(z), f(z)$ が領域 $D \subset \boldsymbol{C}$ において正則であるとする．a を D 内の任意の点，B_a を D に含まれる a を中心とする任意の開円板とする．このとき，任意の $b^0, \ldots, b^{n-1} \in \boldsymbol{C}$ に対して (11.3) をみたす (11.2) の正則な解が B_a においてただ 1 つ存在する．

この定理を用いると前節と同様の議論により，斉次線形微分方程式 (11.1) の解全体の線形構造に関する次の定理が得られる．

定理 11.2.　a を中心とする開円板 $B_a \subset D$ において正則な (11.1) の解全体 V_a は n 次元複素線形空間をなす．

さて，B_a において正則な (11.1) の解 $w_0(z), \ldots, w_{n-1}(z)$ が V_a の基底であるための条件を与えておこう．そのために前節と同様に，$w_0(z), \ldots, w_{n-1}(z)$ のロンスキー行列式 $W(z; w_0, \ldots, w_{n-1})$ を

$$\det \begin{pmatrix} w_0(z) & w_1(z) & \ldots & w_{n-1}(z) \\ w_0'(z) & w_1'(z) & \ldots & w_{n-1}'(z) \\ \vdots & \vdots & \ddots & \vdots \\ w_0^{(n-1)}(z) & w_1^{(n-1)}(z) & \ldots & w_{n-1}^{(n-1)}(z) \end{pmatrix}. \tag{11.8}$$

で定義する．ここで $w_k'(z) = dw_k(z)/dz, \ldots, w_k^{(n-1)}(z) = d^{n-1}w_k(z)/dz^{n-1}$．前節の定理 10.4，10.10 の証明と同様に，定理 11.1 より次の定理が得られる．

定理 11.3.　$w_0(z), \ldots, w_{n-1}(z)$ を B_a において正則な (11.1) の解とする．このとき

(i)　$W(z; w_0, \ldots, w_{n-1})$ はすべての $z \in B_a$ に対して 0 でないか，恒等的に 0 であるかのどちらかである．

(ii)　$w_0(z), \ldots, w_{n-1}(z)$ が V_a の基底 $\Longleftrightarrow$ すべての $z \in B_a$ に対して $W(z; w_0, \ldots, w_{n-1}) \neq 0$.

この定理の (i) が次の公式から導かれることも前節と同様である．

定理 11.4.

$$\begin{aligned} &W(z; w_0, \ldots, w_{n-1}) \\ &= W(a; w_0, \ldots, w_{n-1}) \exp\left(-\int_a^z a_1(\zeta)\, d\zeta\right), \qquad z \in B_a. \end{aligned} \tag{11.9}$$

最後に，(11.1) と (11.5) の関係と定理 8.8 より次の定理が得られることを注意しておこう．

定理 11.5.　a を中心とする開円板 $B_a \subset D$ において正則な (11.1) の解は，

a を始点とする D 内の任意の連続曲線に沿って解析接続され，解析接続の結果も (11.1) の解である．

11.2. モノドロミー表現

係数 $a_1(z),\ldots,a_n(z)$ が領域 $D\subset \boldsymbol{C}$ で正則な斉次線形微分方程式 (11.1) を考える．点 $a\in D$ と a を中心とする D に含まれる開円板 B_a を任意にとって固定する．**11.1** におけると同様に，B_a で正則な (11.1) の解全体を V_a とする．定理 11.2 より，V_a は n 次元複素線形空間である．

L を a を始点かつ終点とする D 内の連続閉曲線とする．これを簡単に，a を基点とする D 内の閉曲線という．V_a の任意の元 $w=w(z)$ は定理 11.5 より L に沿って解析接続可能で，その結果も (11.1) の解である．したがって，$w\in V_a$ を L に沿って解析接続したものを $\rho_L(w)$ と表すと，$\rho_L(w)\in V_a$ である．領域 D が単連結でなければ $\rho_L(w)$ は一般に w に等しくないことに注意する．V_a の任意の 2 つの元 w_0,w_1 と任意の $c^0,c^1\in\boldsymbol{C}$ に対して

$$\rho_L(w_0c^0+w_1c^1)=\rho_L(w_0)c^0+\rho_L(w_1)c^1 \tag{11.10}$$

が成り立つ．これは解析接続の定義から容易にいえることである．(11.10) は ρ_L が複素線形空間 V_a からそれ自身への線形写像であることを意味している．$w\in V_a$ に対して $\rho_L(w)=0$，すなわち B_a において $\rho_L(w)(z)\equiv 0$ であれば，解析接続の定義と関数論の一致の定理から，$w(z)\equiv 0$，すなわち $w=0$（線形空間 V_a の零元）である．よって ρ_L は単射である．ところで V_a は有限次元であるので，単射であれば全射であり，ρ_L は全単射である．一般に，有限次元線形空間 V からそれ自身への全単射線形写像全体を $GL(V)$ と表す．$GL(V)$ は写像の合成を群演算として群となる．これを V 上の**一般線形群**という．この記号を用いると

$$\rho_L\in GL(V_a) \tag{11.11}$$

と表される．

L と L' を a を基点とする D 内の 2 つの閉曲線とする．このとき，L の終点を L' の始点としてつないだ閉曲線を $L'\cdot L$ と表すことにすると，解析接続

の定義から，任意の $w \in V_a$ に対して $\rho_{L'\cdot L}(w) = \rho_{L'}(\rho_L(w))$ となる．これを普通の記法で表すと

$$\rho_{L'\cdot L} = \rho_{L'} \circ \rho_L \tag{11.12}$$

となる．ここで右辺に現われる $\circ$ は写像の合成を表す記号である．

a を基点とする D 内の閉曲線 L_0, L_1 が基点を保ってホモトープ（$L_0 \simeq L_1$ と書く）であるとしよう．この意味は，基点（始点と終点）を固定し，D 内で連続的に L_0 を変形していって L_1 にすることができるということである．任意の $w \in V_a$ に対して，w が D 内の任意の連続曲線に沿って解析接続可能（定理 11.5）であるので，関数論の 1 価性定理により（たとえば本講座 7『関数論』の定理 22.2 を参照）$\rho_{L_0}(w) = \rho_{L_1}(w)$，すなわち

$$L_0 \simeq L_1 \quad \Longrightarrow \quad \rho_{L_0} = \rho_{L_1} \tag{11.13}$$

である．

a を基点とする D 内の閉曲線全体を，基点を保ってホモトープという同値関係で類別する．L の同値類（ホモトピー類という）を $[L]$ で表すことにする．$L_0 \simeq L_1$, $L'_0 \simeq L'_1$ であれば $L'_0 \cdot L_0 \simeq L'_1 \cdot L_1$ であるので，ホモトピー類 $[L]$ と $[L']$ の積 $[L'] \cdot [L]$ を

$$[L'] \cdot [L] = [L' \cdot L] \tag{11.14}$$

で定義することができる．この積に関してホモトピー類全体は群をなすことがわかる．それを $\pi_1(D, a)$ と表し（a を基点とする D の）**基本群**という．

(11.13) より $[L] \in \pi_1(D, a)$ に対して

$$\rho_{[L]} = \rho_L \tag{11.15}$$

と定義できることがわかる．このように定義すると，(11.12) より

$$\rho_{[L']\cdot[L]} = \rho_{[L']} \circ \rho_{[L]} \tag{11.16}$$

である．

このようにして，基本群 $\pi_1(D,a)$ から V_a 上の一般線形群 $GL(V_a)$ への群としての準同型写像 ρ が定義された．ρ は基本群 $\pi_1(D,a)$ の V_a を表現空間とする表現である．この ρ を線形微分方程式 (11.1) の（a を基点とする）**モノドロミー表現**という．

次に，モノドロミー群といわれる $GL(n,\boldsymbol{C})$ の部分群を定義しよう．V_a の基底 $w_0,\ldots,w_{n-1}$ を任意にとって固定する．このとき V_a の元は $\sum_{k=0}^{n-1} w_k c^k$ ($c^0,\ldots,c^{n-1}\in\boldsymbol{C}$) と一意的に表される．そこで V_a の元 $\sum_{k=0}^{n-1} w_k c^k$ と n 次元複素縦ベクトル $c={}^t(c^0,\ldots,c^{n-1})\in\boldsymbol{C}^n$ を同一視したとき，$\rho_{[L]}$ が $\boldsymbol{C}^n$ にどのように作用するか調べてみよう．

$$\rho_{[L]}(w_k)=\sum_{j=0}^{n-1} w_j m_k^j([L]), \qquad 0\le k\le n-1 \tag{11.17}$$

によって $m_k^j([L])\in\boldsymbol{C}$ を定めると，

$$\rho_{[L]}\Big(\sum_{k=0}^{n-1} w_k c^k\Big)=\sum_{j=0}^{n-1} w_j\Big(\sum_{k=0}^{n-1} m_k^j([L])c^k\Big) \tag{11.18}$$

である．したがって $m_k^j([L])$ を (j,k) 成分とする n 次正方行列を $M([L])$ とすると，$\rho_{[L]}$ は縦ベクトル $c\in\boldsymbol{C}^n$ に左から $M([L])$ を掛けるというように，すなわち

$$\rho_{[L]}:\quad c\in\boldsymbol{C}^n \quad\longmapsto\quad M([L])c\in\boldsymbol{C}^n \tag{11.19}$$

のように作用することがわかる．

$\det M([L])\neq 0$ であることを確かめておこう．それには $M([L])c=0$ から $c=0$ がいえればよい．$M([L])c=0$ ということは $\rho_{[L]}(\sum_{k=0}^{n-1} w_k c^k)=0$ ということである．$\rho_{[L]}$ が単射であるので $\sum_{k=0}^{n-1} w_k c^k=0$，よって $c^0=\ldots=c^{n-1}=0$ すなわち $c=0$．したがって $\det M([L])\neq 0$ が，すなわち

$$M([L])\in GL(n,\boldsymbol{C}) \tag{11.20}$$

が示された．

さて関係式 (11.16) より

$$M([L'] \cdot [L]) = M([L'])M([L]) \tag{11.21}$$

が得られる．したがって，$[L] \in \pi_1(D, a)$ に $M([L]) \in GL(n, \boldsymbol{C})$ を対応させる写像を紛らわしいかもしれないが M で表すと，M は基本群 $\pi_1(D, a)$ の $\boldsymbol{C}^n$ を表現空間とする表現，すなわち基本群 $\pi_1(D, a)$ から $GL(n, \boldsymbol{C})$ への群としての準同型写像である．M のことを $w_0, \ldots, w_{n-1}$ に関する**モノドロミー表現**ということもある．さて $\pi_1(D, a)$ の M による像

$$G := \{M([L]) \mid [L] \in \pi_1(D, a)\} \tag{11.22}$$

は $GL(n, \boldsymbol{C})$ の部分群となるが，これを線形微分方程式 (11.1) の $a \in D$ の近傍における解の基底 $w_0, \ldots, w_{n-1}$ に関する**モノドロミー群**と定義する．

(11.17) を

$$\rho_{[L]}(w_0, \ldots, w_{n-1}) = (w_0, \ldots, w_{n-1})M([L]) \tag{11.23}$$

と書いておくと都合がよい．ここで左辺は $\rho_{[L]}(w_0), \ldots, \rho_{[L]}(w_{n-1})$ を横に並べた横ベクトルの意味とし，右辺は横ベクトル $(w_0, \ldots, w_{n-1})$ に右側から行列 $M([L])$ を掛けた横ベクトルを表す．

V_a の基底を取り換えたとき，モノドロミー群はどう変わるかみておこう．基底として $w'_0, \ldots, w'_{n-1}$ をとったとしよう．このときある $T \in GL(n, \boldsymbol{C})$ が存在して

$$(w'_0, \ldots, w'_{n-1}) = (w_0, \ldots, w_{n-1})T \tag{11.24}$$

が成り立つ．この新しい基底に関するものはすべて $'$ を付けることにする．まず

$$\rho_{[L]}(w'_0, \ldots, w'_{n-1}) = (w'_0, \ldots, w'_{n-1})M'([L]).$$

他方

$$\begin{aligned}\rho_{[L]}(w'_0, \ldots, w'_{n-1}) &= \rho_{[L]}(w_0, \ldots, w_{n-1})T \\ &= (w_0, \ldots, w_{n-1})M([L])T = (w'_0, \ldots, w'_{n-1})T^{-1}M([L])T.\end{aligned}$$

よって $M'([L]) = T^{-1}M([L])T$. したがって，$w'_0, \ldots, w'_{n-1}$ に関するモノドロミー群 G' は次式の意味で G に共役である．

$$G' = T^{-1}GT := \{T^{-1}M([L])T \mid [L] \in \pi_1(D, a)\}. \tag{11.25}$$

このように定義されたモノドロミー表現，あるいはモノドロミー群は解の多価性を忠実に表している．たとえば，V_a の基底 $w_0, \ldots, w_{n-1}$ に関するモノドロミー群を (11.22) のように G とすると，$w = \sum_{k=0}^{n-1} w_k c^k \in V_a$ の多価性は $c = {}^t(c^0, \ldots, c^{n-1})$ としたとき $\boldsymbol{C}^n$ の部分集合

$$Gc := \{gc \mid g \in G\} \tag{11.26}$$

から完全にわかる．Gc が有限集合ならば，w は領域 D において有限多価である．特に $Gc = \{c\}$ ならば，D において 1 価である．また群 G が有限群ならば，すべての $c \in \boldsymbol{C}^n$ に対して Gc は有限集合であるから，すべての解が D において有限多価となる．ところで (11.13) を導くとき用いた 1 価性定理がモノドロミー定理といわれることもあるように，モノドロミーという言葉には 1 価という意味が含まれている．1 価であることからどの程度離れているかを示す群という意味で，モノドロミー群という名前がついている．これはホモロジー群とかホモトピー群などと同様の命名法である．

例 11.1. (モノドロミー群の計算例) 次の方程式のモノドロミー群について考察しよう．

$$\frac{d^2w}{dz^2} + \frac{1-2\lambda}{z}\frac{dw}{dz} + \frac{\lambda^2}{z^2}w = 0. \tag{11.27}$$

ここで $\lambda \in \boldsymbol{C}$ は定数である．この方程式は**オイラーの微分方程式**といわれるものの特別な場合である．ここでオイラーの微分方程式とは

$$\frac{d^nw}{dz^n} + \frac{a_1}{z}\frac{d^{n-1}w}{dz^{n-1}} + \ldots + \frac{a_{n-1}}{z^{n-1}}\frac{dw}{dz} + \frac{a_n}{z^n}w = 0 \tag{11.28}$$

($a_1, \ldots, a_n$ は定数) と表されるものである．(11.27) の係数は $z = 0$ 以外の複素平面上のすべての点 z で正則であるので，$D = \boldsymbol{C} - \{0\}$ とおく．B を点 $z = 1$ を中心とする半径 1 の開円板とし，B において正則な (11.27) の解全体を V とする．V は 2 次元複素線形空間である．

L_0 を $z=1$ を基点とし，原点 $z=0$ を正の方向に1回転する閉曲線とすると，$\pi_1(D,1)$ は L_0 のホモトピー類 $[L_0]$ から生成される自由群である．

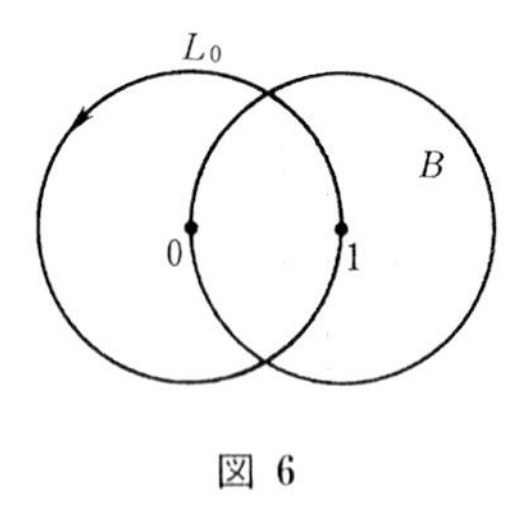

図 6

t も複素変数として変数変換

$$z=\exp t \tag{11.29}$$

を行う．このとき $zd/dz=d/dt$ に注意すると，(11.27) は定数係数の線形微分方程式

$$\frac{d^2w}{dt^2}-2\lambda\frac{dw}{dt}+\lambda^2w=0 \tag{11.30}$$

に変換されることがわかる．(11.30) の特性方程式の根が2重根 λ であるので，(11.30) は $w=e^{\lambda t}$ と $w=te^{\lambda t}$ という線形独立な解をもつ（定理9.2）（§9 では t を実変数としていたが，複素変数にまで拡げることができる）．(11.29) でもとの変数 z に戻すと，(11.27) は $w=z^\lambda, z^\lambda\log z$ という解をもつ．そこで V の基底 w_0,w_1 として

$$w_0(z)=2\pi iz^\lambda,\qquad w_1(z)=z^\lambda\log z \tag{11.31}$$

をとることにする．z のべき関数 z^λ は $\exp(\lambda\log z)$ で定義されることを注意しておく（本講座7『関数論』の §6 参照）．$\arg 1=0$ と定めておけば，関数 $w_0(z),w_1(z)$ は B における1価正則関数として確定し V の基底となる．

記号が複雑になることを避けるため $\exp(2\pi i\lambda)$ を $e(\lambda)$ と表すことにする．

$$e(\lambda)=\exp(2\pi i\lambda). \tag{11.32}$$

この記号は本書全般にわたって用いる．

z^λ, $z^\lambda \log z$ を L_0 に沿って解析接続すると，それぞれ $e(\lambda)z^\lambda$, $e(\lambda)z^\lambda(\log z + 2\pi i)$ となるので（本講座 7『関数論』の§6 参照），

$$\rho_{[L_0]}(w_0, w_1) = (w_0, w_1)M \tag{11.33}$$

により $M \in GL(2, \boldsymbol{C})$ を定めると

$$M = e(\lambda)(I + S) \tag{11.34}$$

である．ここで I は 2 次の単位行列，S は (9.23) の $n = 2$ の場合，すなわち

$$S = \begin{pmatrix} 0 & 1 \\ 0 & 0 \end{pmatrix}$$

である．

$\pi_1(D, 1)$ が $[L_0]$ で生成される群であることより，(11.27) の w_0, w_1 に関するモノドロミー群 G は

$$G = \{M^n \mid n \in \boldsymbol{Z}\} \tag{11.35}$$

となる．ここで $S^2 = 0$ に注意すると

$$M^n = e(n\lambda)(I + nS), \qquad n \in \boldsymbol{Z}$$

であるので G は無限群である．

解の多価性をややくわしく調べてみよう．すなわち $c = {}^t(c^0, c^1) \in \boldsymbol{C}^2$ に対して Gc がどうなるかをみてみよう．まず，$c^1 \neq 0$ ならば Gc は無限集合である．なぜならば，Gc が有限集合であるとすると，ある正整数 n が存在して $M^n c = c$ でなければならないが，これは $e(n\lambda)(c^0 + nc^1) = c^0$, $e(n\lambda)c^1 = c^1$ と同値であり，これより $c^1 = 0$ が導かれ矛盾だからである．次に $c^1 = 0$, $c^0 \neq 0$ の場合を考える．このときはすべての $n \in \boldsymbol{Z}$ に対して $M^n c = e(n\lambda)c$ であるので，$\lambda \in \boldsymbol{Q}$ のときは Gc は有限集合，特に $\lambda \in \boldsymbol{Z}$ のときは $Gc = \{c\}$ であることがわかる．また $\lambda \in \boldsymbol{C} - \boldsymbol{Q}$ のときは Gc は無限集合である．以上より $c^1 \neq 0$ のときは解 $w = w_0 c^0 + w_1 c^1$ は必ず無限多価，また $c^1 = 0$, $c^0 \neq 0$ に

対する解 $w = w_0 c^0$ は $\lambda \in \boldsymbol{Q}$ のときは有限多価，特に $\lambda \in \boldsymbol{Z}$ のときは1価，$\lambda \in \boldsymbol{C} - \boldsymbol{Q}$ のときは無限多価であることがわかった．

モノドロミー群は，定義からもわかるように解の大域的性質を表す大事なものであるが，次章で解説するフックス型線形微分方程式に対しては特に重要である．フックス型の場合にはモノドロミー群が解全体の構造をほとんどすべて決定してしまうからである．したがって，種々の方程式のモノドロミー群を具体的に計算することは，きわめて重要な問題である．方程式が特異点における局所的不変量，たとえば確定特異点における特性べき数から決まってしまう場合（アクセサリー・パラメータがない場合といわれる）の計算は，大久保謙二郎氏に始まる研究が進展している（§14 参照）．しかし，アクセサリー・パラメータがある場合はきわめてむずかしく未解決である．

問　題　3

1. 定数係数の単独高階斉次線形微分方程式 (9.1) の特性方程式 (9.5) の根が重根をもつ一般の場合を考える．このとき，初期条件 (9.2) をみたす (9.1) の解が，(9.10) で与えられる n 個の解の線形結合で一意的に表されることを示せ．すなわち，この n 個の解のロンスキー行列式が決して 0 とならないことを示せ（ヒント：0 になったとして矛盾を導け）．

2. 次の実定数係数の単独高階斉次線形微分方程式の解の基底を求めよ．実数値関数からなる解の基底も求めよ．ただし $w' = dw/dt$，$w^{(k)} = d^k w/dt^k$．

(1)　$2w^{(3)} + w'' - 2w' - w = 0$　　(2)　$w^{(3)} - 3w' - 2w = 0$

(3)　$w^{(4)} - 2w^{(3)} + 3w'' - 4w' + 2w = 0$　　(4)　$w^{(4)} + 2w'' + w = 0$

3. 定数変化法（定理 10.12）を用いて，次の2階線形微分方程式の一般解（任意定数を2個含む解）を求めよ．

(1)　$w'' - w = e^{2t}$　　(2)　$w'' + w = \cos \nu t$（ただし ν は正定数）

4. $a_1, \ldots, a_n$ がすべて実定数である §9 の (9.1) の形の微分方程式の実数値関数解を考える．このとき，(9.1) の特性方程式のすべての根の実数部分が負であれば，すべての解は $t \to \infty$ のとき 0 に収束することを示せ．

5. (x, y) 平面 $\boldsymbol{R}^2$ における微分方程式 $dx/dt = \mu_0 x$，$dy/dt = \mu_1 y$ （μ_0, μ_1 は実定数）の解の軌道の様子を次の各場合に考察せよ．

(1)　$\mu_0 \geq \mu_1 > 0$　　(2)　$\mu_0 \leq \mu_1 < 0$　　(3)　$\mu_0 < 0 < \mu_1$

6. (x, y) 平面 $\boldsymbol{R}^2$ における微分方程式

$$dx/dt = \mu x - \nu y, \qquad dy/dt = \nu x + \mu y$$

（ただし μ, ν は実定数で，簡単のため ν は正とする）の軌道について次の各場合に考察せよ．

(1)　$\mu > 0$　　(2)　$\mu < 0$　　(3)　$\mu = 0$

7. §10 の微分方程式 (10.10) の任意の n 個の解のロンスキー行列式が定数であるための必要十分条件は $a_1(t) \equiv 0$ であることを示せ．また，$a_1(t) \not\equiv 0$ のとき $a_1(t)$ を消す次の形の従属変数の変換 $w = p(t)u$ を求めよ．

8. 周期関数を係数とする §10 の微分方程式 (10.1) のすべての解が $t \to \infty$ のとき，0 に収束するための必要十分条件は，すべての特性乗数の絶対値が 1 より小さいことである．このことを証明せよ．

9. （シュワルツ微分）　z の関数 $w(z)$ に対して，シュワルツ微分 $\{w; z\}$ を

$$\{w; z\} = \left(\frac{w''}{w'}\right)' - \frac{1}{2}\left(\frac{w''}{w'}\right)^2$$

で定義する．ここで $' = d/dz$. このとき次を証明せよ．

(1)　$\{(aw + b)/(cw + d); z\} = \{w; z\}$, $(a, b, c, d \in \boldsymbol{C}, ad - bc \neq 0)$

(2)　$\{w; z\} = 0 \Longleftrightarrow w = (az + b)/(cz + d), (a, b, c, d \in \boldsymbol{C}, ad - bc \neq 0)$

(3)　$\{z; w\} = -(dw/dz)^{-2}\{w; z\}$

第 4 章

フックス型線形微分方程式

この章では，リーマン球面 $\boldsymbol{P} = \boldsymbol{C} \cup \{\infty\}$ 上の確定特異点のみをもつ線形微分方程式について解説する．第 1 章 §2 で出てきた微分方程式 (2.20) はその一例である．このクラスの微分方程式は応用において重要であることはもちろん，理論的にもきわめて重要かつ興味あるものである．

まず，§12 において最も典型的なガウスの超幾何微分方程式について解説する．§13 の一般論を用いた方が計算の見通しのよいところもあるが，なるべく初等的にこの方程式の豊かな諸性質を導き，その後の一般論や一般化の意味を明確にしたいと思う．§13 で線形微分方程式の特異点の分類と確定特異点における解の構成法を述べる．§14 ではフックス型微分方程式の一般論（各特異点における特性べき数と方程式に含まれる定数との関係など）を展開し，特性べき数から方程式が一意的に決まる最も簡単なリーマンの微分方程式あるいはリーマンの P 関数について述べる．§15 でリーマン・ヒルベルトの問題やモノドロミー保存変形についてごく簡単にふれる．

§12. ガウスの超幾何微分方程式

この節では，ガウスの超幾何微分方程式についてその多様な性質を初等的に導くことにしたい．まず，ガウスの超幾何級数がみたす微分方程式としてガウスの超幾何微分方程式を導入し，次に特異点（次節で確定特異点と定義される）$z = 0, 1, \infty$ における局所解の構成と解のオイラー積分表示について論じ，モノドロミー群と接続係数の計算を実行する．最後に，昇降作用素に言及する．

モノドロミー群の定義と簡単な例は §11 で与えたが，この節の計算をしてみることにより，その概念を実体的に把握できるようになると思う．接続係数や接続問題という言葉はこの節ではじめて登場するが，この節の計算を通じて一般的な意味もおのずと明らかになるだろう．

12.1.　ガウスの超幾何級数，超幾何微分方程式

次のべき級数を**ガウスの超幾何級数**という．

$$F(\alpha,\beta,\gamma;z)=\sum_{k=0}^{\infty}a_kz^k,\quad a_k=\frac{(\alpha)_k(\beta)_k}{(\gamma)_k(1)_k}. \tag{12.1}$$

ここで α,β,γ は複素定数で，$c\in\boldsymbol{C}$, $k\in\boldsymbol{Z}_{\geq 0}$ に対して $(c)_k$ は

$$(c)_k=c(c+1)\cdots(c+k-1)=\frac{\Gamma(c+k)}{\Gamma(c)} \tag{12.2}$$

を表す．$\Gamma(z)$ はガンマ関数で，これからしばしば用いる．必要な公式はその都度与えるが，関数論の書物（たとえば本講座7『関数論』）で大体のことは知っておいた方がよい．(12.2) では $\Gamma(z+1)=z\Gamma(z)$ を用いた．係数 $\{a_k\}_k$ が定まるために $\gamma\notin\boldsymbol{Z}_{\leq 0}$ と仮定する．$\alpha\in\boldsymbol{Z}_{\leq 0}$ または $\beta\in\boldsymbol{Z}_{\leq 0}$ ならば，$(\alpha)_k$ または $(\beta)_k$ はある番号から先のすべての k に対して 0 となるので，(12.1) は z の多項式となる．よってこのときは (12.1) の収束半径は $+\infty$ である．そうでないとき，すなわち $\alpha,\beta\notin\boldsymbol{Z}_{\leq 0}$ の場合は

$$\frac{a_{k+1}}{a_k}=\frac{(k+\alpha)(k+\beta)}{(k+\gamma)(k+1)}\to 1,\quad k\to\infty$$

であるので，べき級数の収束半径についての定理（たとえば本講座7『関数論』の定理 12.3）から，(12.1) は原点を中心とし半径が 1 の開円板 $B=B(0;1)$ において収束し，B における正則関数を表す．(12.1) のパラメータ α,β,γ に関する解析性についても調べておこう．まず (12.1) の各項は (α,β,γ,z) の関数として，$\boldsymbol{C}\times\boldsymbol{C}\times(\boldsymbol{C}-\boldsymbol{Z}_{\leq 0})\times\boldsymbol{C}$ において正則であることに注意する．次に，$\boldsymbol{C}\times\boldsymbol{C}\times(\boldsymbol{C}-\boldsymbol{Z}_{\leq 0})$ 内のコンパクト集合 K と $0<r<1$ を任意にとり，$(\alpha,\beta,\gamma)\in K$, $z\in B(0;r)$ とする．r' を $r<r'<1$ なるようにとると，K に応じて決まる $k_0\in\boldsymbol{Z}_{>0}$ が存在し

$$\left|\frac{a_{k+1}z^{k+1}}{a_kz^k}\right|\leq r',\qquad k\geq k_0$$

が成り立つので，$M = \max\{|a_{k_0}| \mid (\alpha,\beta,\gamma) \in K\}$ とすると

$$|a_k z^k| \le M r'^k, \qquad k \ge k_0$$

が得られる．ところで $0 < r' < 1$ より $\sum_{k \ge k_0} M r'^k < +\infty$ である．よって級数 (12.1) は $(\alpha,\beta,\gamma) \in K$，$z \in B(0;r)$ について一様に絶対収束する．以上より次の定理が示された．

定理 12.1. 任意の定数 $\alpha, \beta \in \boldsymbol{C}$, $\gamma \in \boldsymbol{C} - \boldsymbol{Z}_{\le 0}$ に対して (12.1) で定義される z のべき級数 $F(\alpha,\beta,\gamma;z)$ は，開円板 $B(0;1)$ において収束し，$B(0;1)$ における正則関数を表す．さらにこの $F(\alpha,\beta,\gamma;z)$ は，(α,β,γ,z) の関数として $\boldsymbol{C} \times \boldsymbol{C} \times (\boldsymbol{C} - \boldsymbol{Z}_{\le 0}) \times B(0;1)$ において正則である．

実はこのように定義された関数 $F(\alpha,\beta,\gamma;z)$ が簡単な線形微分方程式をみたすことがわかり，この関数のもつ良い性質が明らかになっていくのである．線形微分方程式をみたすことを確かめよう．文字 X の多項式 $P(X)$, $Q(X)$ を

$$P(X) = (X+1)(X+\gamma), \quad Q(X) = (X+\alpha)(X+\beta)$$

とすると，a_k, $k = 0,1,\ldots$ の定義 (12.1) より

$$a_{k+1}P(k) - a_k Q(k) = 0, \quad k = 0,1,\ldots \tag{12.3}$$

が成り立つ．そこで**オイラー作用素**と呼ばれる微分作用素 $\delta = \delta_z$ を

$$\delta_z = z\frac{d}{dz} \tag{12.4}$$

で定義する．$\delta = \delta_z$ は，z の正則関数 $f(z)$ に正則関数 $zdf(z)/dz$ を対応させる作用素（写像のこと）である．z の単項式 z^k, $k = 0,1,\ldots$ に δ を作用させると，$\delta(z^k) = kz^k$，δ を二度続けてほどこす作用素を δ^2 と表すことにすると $\delta^2(z^k) = \delta(kz^k) = k^2 z^k$，同様にして正整数 m に対して $\delta^m(z^k) = k^m z^k$ が確かめられる．したがって，定数係数の文字 X の多項式 $S(X)$ に対して

$$S(\delta)(z^k) = S(k)z^k$$

が成り立つ．ここで，左辺は $S(X)$ の X のところに δ を形式的に代入して得られる微分作用素を関数 z^k にほどこしたものを，右辺は $S(X)$ の X の

ところに k を代入した数 $S(k)$ を関数 z^k に掛けたものを表す．このことと $P(-1)=0$ に注意すると

$$P(\delta-1)(\sum_{k\geq 0} a_k z^k) = \sum_{k\geq 1} a_k P(k-1) z^k = \sum_{k\geq 0} a_{k+1} P(k) z^{k+1},$$

$$zQ(\delta)(\sum_{k\geq 0} a_k z^k) = z\sum_{k\geq 0} a_k Q(k) z^k = \sum_{k\geq 0} a_k Q(k) z^{k+1}.$$

よって，微分作用素 $L=L(\alpha,\beta,\gamma)=L(\alpha,\beta,\gamma;z)$ を

$$L = P(\delta-1) - zQ(\delta) = \delta(\delta+\gamma-1) - z(\delta+\alpha)(\delta+\beta) \tag{12.5}$$

で定義すると，

$$L(F(\alpha,\beta,\gamma;z)) = 0$$

が得られる．$z^{-1}L$ を微分作用素の変形において重要な公式

$$\left(\frac{d}{dz}\right) z = z\left(\frac{d}{dz}\right) + 1 \tag{12.6}$$

を用いて書き換えると

$$z^{-1}L = z(1-z)\left(\frac{d}{dz}\right)^2 + [\gamma-(\alpha+\beta+1)z]\left(\frac{d}{dz}\right) - \alpha\beta$$

となる．したがって未知関数を w とすると，$Lw=0$ は 2 階線形微分方程式

$$z(1-z)\frac{d^2w}{dz^2} + [\gamma-(\alpha+\beta+1)z]\frac{dw}{dz} - \alpha\beta w = 0 \tag{12.7}$$

と同値である．ガウスの超幾何級数 (12.1) がみたす微分方程式 (12.7) を**ガウスの超幾何微分方程式**という．(12.7) の解を**ガウスの超幾何関数**と総称する．以後のため，方程式 (12.7) を $E(\alpha,\beta,\gamma)$ または独立変数も明示して $E(\alpha,\beta,\gamma;z)$ と表すことにする．

今後しばしば用いる公式 (12.6) の説明をしておこう．(12.6) は作用素に関する公式で，$(d/dz)z$ は z の正則関数 $f(z)$ に $d(zf(z))/dz$ を対応させる作用素を，$z(d/dz)$ は $f(z)$ に $z(df(z)/dz)$ を対応させる作用素を，1 は数 1 を掛け

る作用素，すなわち $f(z)$ に $f(z)$ を対応させる作用素を表す．関数の積の微分公式より，すべての $f(z)$ に対して

$$\frac{d}{dz}[zf(z)] = z\frac{df(z)}{dz} + f(z)$$

が成り立つが，この公式を (12.6) のように表すのである．

超幾何級数 $F(\alpha, \beta, \gamma; z)$ が線形微分方程式 (12.7) をみたすということが大事である．(12.7) の両辺を $z(1-z)$ で割って d^2w/dz^2 の係数を 1 にすると，dw/dz および w の係数は $z = 0, 1$ にのみ極をもつ有理関数である．したがって $D = \boldsymbol{C} - \{0, 1\}$ とすると，(12.7) の解はすべて，よって $F(\alpha, \beta, \gamma; z)$ も，D 内の任意の連続曲線に沿って解析接続される（定理 11.5）．$F(\alpha, \beta, \gamma; z)$ は $z = 0$ において正則であるが，その解析接続は $z = 0$ において正則とは限らない．このことは後でみるだろう．

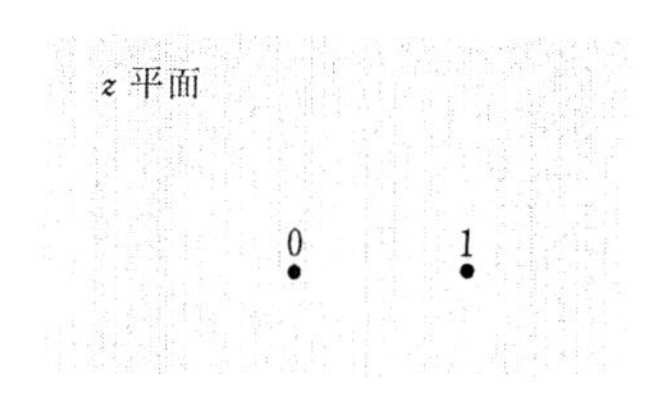

図 7

12.2. 特異点における局所解

超幾何級数 $F(\alpha, \beta, \gamma; z)$ の性質を調べるには超幾何微分方程式 (12.7) の研究をする必要がある．そのためにまず (12.7) の特異点 $z = 0, 1, \infty$ を調べる．$z = \infty$ が特異点であることはまだ確かめていないが，それはこの後すぐに明らかになる．

まず特異点 $z = 0$ を考察しよう．定理 11.2 より，(12.7) は線形独立な解を 2 つもつ．1 つは $F(\alpha, \beta, \gamma; z)$ であるので，もう 1 つ $z = 0$ の近くでみやすい形の解を求めよう．微分作用素 (12.5) は，$z = 0$ の近くでは $P(\delta - 1) = \delta(\delta + \gamma - 1)$ で近似されると考えられる．§11 の例 11.1 でみたように変数変換

$$z = \exp t$$

に対して $\delta = d/dt$ であるので，近似方程式 $\delta(\delta+\gamma-1)w=0$ は変数 t を用いると

$$\frac{d^2w}{dt^2}+(\gamma-1)\frac{dw}{dt}=0$$

となる．これは定数係数の線形微分方程式であるので簡単に解け，$\gamma \neq 1$ であれば 1 と $e^{(1-\gamma)t}$ が線形独立な解である（定理 9.1）．よってもとの変数 z に戻すと，1 と $z^{1-\gamma}$ が近似方程式の線形独立な解である．

ここで**べき関数**の定義を思い出しておこう．複素定数 b, c に対して関数 $(z-b)^c$ は

$$(z-b)^c = \exp(c\log(z-b)) \tag{12.8}$$

と定義される．対数関数 $\log(z-b)$ が無限多価関数であるので，べき関数 $(z-b)^c$ も一般には多価関数である．z が点 b の周りを正の向きに一回転すると $(z-b)^c$ の値は $\exp(2\pi ic)$ 倍される（$i=\sqrt{-1}$）（本講座 7『関数論』の§6 参照）．

さて，近似解 1 に対応する (12.7) の解は $F(\alpha,\beta,\gamma;z)$ と考えられるので，近似解 $z^{1-\gamma}$ に対応する解を求めることにする．そのために従属変数の変換

$$w = z^{1-\gamma}u \tag{12.9}$$

を行う．(12.9) により (12.7) がどのように変換されるか丹念に計算してももちろんよいが，微分作用素 $L(\alpha,\beta,\gamma)z^{1-\gamma}$ （$z^{1-\gamma}$ を掛けるという作用素に続けて $L(\alpha,\beta,\gamma)$ をほどこすという作用素）を計算した方がこの場合は簡単である．一般に複素定数 c に対して

$$\delta_z z^c = z^c\delta_z + cz^c \tag{12.10}$$

が微分作用素として成り立つことに注意すると

$$L(\alpha,\beta,\gamma)z^{1-\gamma} = z^{1-\gamma}L(\alpha-\gamma+1,\beta-\gamma+1,2-\gamma)$$

が得られる．よって (12.9) で定義される $u=u(z)$ は

$$L(\alpha-\gamma+1,\beta-\gamma+1,2-\gamma)u=0$$

をみたすので，$2-\gamma \notin \boldsymbol{Z}_{\leq 0}$ ならば u として $F(\alpha-\gamma+1, \beta-\gamma+1, 2-\gamma; z)$ がとれる．したがって，近似解 $z^{1-\gamma}$ に対応する (12.7) の解は

$$z^{1-\gamma} F(\alpha-\gamma+1, \beta-\gamma+1, 2-\gamma; z) \tag{12.11}$$

であることがわかった．まとめると

$$\gamma \notin \boldsymbol{Z} \tag{12.12}$$

のとき (12.7) は $z=0$ の近くで (12.1) および (12.11) で与えられる解をもつ．これらが線形独立であることはロンスキー行列式を計算してみればわかる（定理 11.3 参照）．

次に特異点 $z=1$ を調べよう．そのために

$$\zeta = 1 - z$$

という変数変換をする．この場合には，変数 z と変数 ζ のオイラー作用素の間の関係が $\delta_z = (1-\zeta^{-1})\delta_\zeta$ であり，微分作用素 $L(\alpha, \beta, \gamma, z)$ を δ_ζ を用いて書き換えることが計算を簡単にすることにならない．むしろ方程式 (12.7) を $d/dz = -d/d\zeta$ を用いて書き換える方がよい．それを実行すれば

$$\zeta(1-\zeta)\frac{d^2 w}{d\zeta^2} + [(\alpha+\beta-\gamma+1) - (\alpha+\beta+1)\zeta]\frac{dw}{d\zeta} - \alpha\beta w = 0.$$

これは $E(\alpha, \beta, \alpha+\beta-\gamma+1; \zeta)$ である．よって $z=0$ における上の結果より

$$\alpha+\beta-\gamma \notin \boldsymbol{Z} \tag{12.13}$$

のとき，(12.7) は $z=1$ の近くで

$$F(\alpha, \beta, \alpha+\beta-\gamma+1; 1-z) \tag{12.14}$$

$$(1-z)^{\gamma-\alpha-\beta} F(\gamma-\alpha, \gamma-\beta, \gamma-\alpha-\beta+1; 1-z) \tag{12.15}$$

と表される線形独立な解をもつことがわかる．

この小節の最後に $z=\infty$ を調べよう．そのために変数変換

$$z = 1/\zeta$$

を行う．このとき，z および ζ に関するオイラー作用素の間には

$$\delta_z = -\delta_\zeta$$

という簡単な関係式がある．これよりすぐに

$$-z^{-1}L(\alpha,\beta,\gamma,z) = (\delta_\zeta-\alpha)(\delta_\zeta-\beta) - \zeta\delta_\zeta(\delta_\zeta+1-\gamma)$$

を得る．この右辺を M とおくと，$Mw=0$ が (12.7) を変数 ζ で書いた方程式で，これは $\zeta=0$ に特異点をもつ．すなわち，(12.7) は $z=\infty$ に特異点をもつのである．さて，$\zeta=0$ の近くでは M は $(\delta_\zeta-\alpha)(\delta_\zeta-\beta)$ で近似されると考えられる．前と同様に近似方程式の解が ζ^α と ζ^β であることがわかる．ζ^α に対応する解を求めるために，従属変数の変換

$$w = \zeta^\alpha u$$

をする．この変換を実行するために微分作用素 $M\zeta^\alpha$ を計算すると

$$M\zeta^\alpha = \zeta^\alpha L(\alpha,\alpha-\gamma+1,\alpha-\beta+1;\zeta)$$

が得られる．したがって (12.7) は $z=\infty$ の近くで

$$z^{-\alpha}F(\alpha,\alpha-\gamma+1,\alpha-\beta+1;1/z) \tag{12.16}$$

と表される解をもつ．同様に

$$z^{-\beta}F(\beta-\gamma+1,\beta,\beta-\alpha+1;1/z) \tag{12.17}$$

という解をもつ．したがって

$$\alpha-\beta\notin \boldsymbol{Z} \tag{12.18}$$

のとき，(12.7) は $z=\infty$ の近くで (12.16)，(12.17) と表される線形独立な解をもつ．

この小節で示したことをまとめると，

定理 12.2.

(i)　ガウスの超幾何微分方程式 (12.7) はリーマン球面 $\boldsymbol{P}=\boldsymbol{C}\cup\{\infty\}$ 上 3 個の特異点 $z=0,1,\infty$ をもつ．

(ii)　$\gamma, \alpha+\beta-\gamma, \alpha-\beta \notin \boldsymbol{Z}$ と仮定する．このとき (12.7) は，$z=0$ の近くでは (12.1)，(12.11) で，$z=1$ の近くでは (12.14)，(12.15) で，$z=\infty$ の近くでは (12.16)，(12.17) で与えられる線形独立な解をもつ．

この定理の (ii) に出てくるような，整数でないという条件を**非整数条件**と総称することにしよう．なお，各特異点における線形独立な 2 つの解の形より，(12.7) の任意の解は変数 z が特異点に直線的に近づいたとき，たかだかべきの大きさでしか発散しないことがわかる．このような特異点を**確定特異点**という．その正確な定義は次節で与える．また，定数 α, β, γ についての非整数条件がみたされないときは対数関数が現われることもあるが，それも次節で一般的に考察する．

12.3.　解の積分表示式

超幾何級数 (12.1) あるいはそれがみたす超幾何微分方程式 (12.7) を調べるとき重要な役割を果たすものに，(12.1) あるいは (12.7) の解の積分表示式がある．ここではその中の 1 つ**オイラー積分表示**について説明する．

まず，超幾何級数 $F(\alpha,\beta,\gamma;z)$ の積分表示から考えることにしよう．ベータ関数 $B(p,q)$ の定義と，ベータ関数とガンマ関数との間の有名な関係式を思い起こしておく．

$$B(p,q)=\int_0^1 x^{p-1}(1-x)^{q-1}\,dx, \tag{12.19}$$

$$B(p,q)=\frac{\Gamma(p)\Gamma(q)}{\Gamma(p+q)}. \tag{12.20}$$

(12.19) の右辺の被積分関数の各 $x\in(0,1)$ における値は，$\arg x=0, \arg(1-x)=0$ として決まる値である．この約束のもとで，(12.19) の右辺の積分は $\mathrm{Re}\,p>0$, $\mathrm{Re}\,q>0$ のとき収束し p,q の正則関数を表す．(12.20) は $\mathrm{Re}\,p>0$, $\mathrm{Re}\,q>0$ において成り立つことがまずわかるが，右辺は $p,q\notin \boldsymbol{Z}_{\leq 0}$

なるすべての p,q に対して正則であるので，左辺も同じ領域にまで解析接続されそこで等号が成り立つ．ここでガンマ関数 $\Gamma(z)$ は複素平面 $\boldsymbol{C}$ において有理的な関数で，極は 0 または負の整数の上にあることを用いた．さらに 2 項展開の公式

$$(1+z)^c = \sum_{k\geq 0} \binom{c}{k} z^k \tag{12.21}$$

にも注意しておこう．これは，c が正整数のときは右辺が有限和となって普通の 2 項展開式を与え，一般の c に対しては，右辺は無限和で左辺の関数の $z=0$ におけるべき級数展開を与えるものである．ただし $(1+z)^c$ は $z=0$ において値 1 をとるものとしておく．2 項係数はガンマ関数を用いて

$$\binom{c}{k} = \frac{\Gamma(c+1)}{\Gamma(c-k+1)\Gamma(k+1)} \tag{12.22}$$

と与えられる．さて (12.1)，(12.2)，(12.19)，(12.20) を用いて次の変形をする．

$$\begin{aligned} F(\alpha,\beta,\gamma;z) &= \frac{\Gamma(\gamma)}{\Gamma(\alpha)\Gamma(\gamma-\alpha)} \sum_{k\geq 0} \frac{\Gamma(\beta+k)}{\Gamma(\beta)\Gamma(k+1)} \frac{\Gamma(\alpha+k)\Gamma(\gamma-\alpha)}{\Gamma(\gamma+k)} z^k \\ &= \frac{\Gamma(\gamma)}{\Gamma(\alpha)\Gamma(\gamma-\alpha)} \sum_{k\geq 0} \frac{\Gamma(\beta+k)}{\Gamma(\beta)\Gamma(k+1)} B(\alpha+k,\gamma-\alpha)\, z^k \\ &= \frac{\Gamma(\gamma)}{\Gamma(\alpha)\Gamma(\gamma-\alpha)} \sum_{k\geq 0} \frac{\Gamma(\beta+k)}{\Gamma(\beta)\Gamma(k+1)} z^k \int_0^1 x^{\alpha+k-1}(1-x)^{\gamma-\alpha-1}\,dx \\ &= \frac{\Gamma(\gamma)}{\Gamma(\alpha)\Gamma(\gamma-\alpha)} \sum_{k\geq 0} \int_0^1 \frac{\Gamma(\beta+k)}{\Gamma(\beta)\Gamma(k+1)} (zx)^k x^{\alpha-1}(1-x)^{\gamma-\alpha-1}\,dx. \end{aligned}$$

ただし $\mathrm{Re}\,\alpha > 0$, $\mathrm{Re}\,(\gamma-\alpha) > 0$ と仮定しておく．ここでガンマ関数の公式

$$\Gamma(z)\Gamma(1-z) = \frac{\pi}{\sin \pi z} \tag{12.23}$$

と (12.22) を用いると

$$\frac{\Gamma(\beta+k)}{\Gamma(\beta)\Gamma(k+1)} = (-1)^k \frac{\Gamma(1-\beta)}{\Gamma(1-\beta-k)\Gamma(k+1)} = (-1)^k \binom{-\beta}{k}$$

よって

$$F(\alpha,\beta,\gamma;z) = \frac{\Gamma(\gamma)}{\Gamma(\alpha)\Gamma(\gamma-\alpha)} \sum_{k\geq 0} \int_0^1 \binom{-\beta}{k} (-zx)^k x^{\alpha-1}(1-x)^{\gamma-\alpha-1}\,dx.$$

この右辺において $|z|<1$ ならば，級数 $\sum_{k\geq 0}\binom{-\beta}{k}(-zx)^k$ は $x\in(0,1)$ について一様に $(1-zx)^{-\beta}$ に収束するので，積分と無限和をとる操作が交換できる．したがって条件

$$(12.24)\qquad \gamma\notin \boldsymbol{Z}_{\leq 0},\quad \mathrm{Re}\,\alpha>0,\quad \mathrm{Re}\,(\gamma-\alpha)>0,\quad |z|<1$$

のもとで

$$(12.25)\quad F(\alpha,\beta,\gamma;z)=\frac{\Gamma(\gamma)}{\Gamma(\alpha)\Gamma(\gamma-\alpha)}\int_0^1 x^{\alpha-1}(1-x)^{\gamma-\alpha-1}(1-zx)^{-\beta}\,dx$$

が得られた．この右辺の被積分関数の値は，$x\in(0,1), |z|<1$ に対して条件

$$(12.26)\qquad \arg x=0,\quad \arg(1-x)=0,\quad -\frac{\pi}{2}<\arg(1-zx)<\frac{\pi}{2}$$

により決まる値である．ここで，定理 12.1 の後半の主張とガンマ関数の性質（正則性）と (12.25) より，(12.25) の右辺の積分で表される関数は (α,β,γ,z) 空間内の領域

$$\alpha,\gamma,\gamma-\alpha\notin \boldsymbol{Z}_{\leq 0},\quad |z|<1$$

にまで解析接続可能で，(12.25) は (12.24) より広いこの領域において成立することに注意しておこう．

われわれはすでに，$F(\alpha,\beta,\gamma;z)$ が $z=0$ の近傍から出発する $D=\boldsymbol{C}-\{0,1\}$ 内の任意の連続曲線に沿って解析接続されることを知っているが（定理 11.5），(12.25) はその解析接続を実際に与えているものである．ただし積分が収束するために，$\mathrm{Re}\,\alpha>0$, $\mathrm{Re}\,(\gamma-\alpha)>0$ は今のところ仮定しておかなければならない．

(12.25) の右辺の被積分関数を $X(z,x)$ とおくことにしよう．すなわち

$$(12.27)\qquad X(z,x)=x^{\alpha-1}(1-x)^{\gamma-\alpha-1}(1-zx)^{-\beta}$$

とする．このとき，天下りであるが積分 $\int_{1/z}^{\infty}X(z,x)\,dx$ を考えてみる．この積分の端点 $1/z$ は，$X(z,x)$ の中に現われる x の 1 次式 $1-zx$ の零点である．積分路は $x=0$ と $x=1/z$ を結ぶ直線上を $x=1/z$ から出発し，$x=0$ とは逆の方向に無限遠方に進む半直線とする（図 8 参照）．z を $\mathrm{Im}\,z>0$, $0<|z|<1$

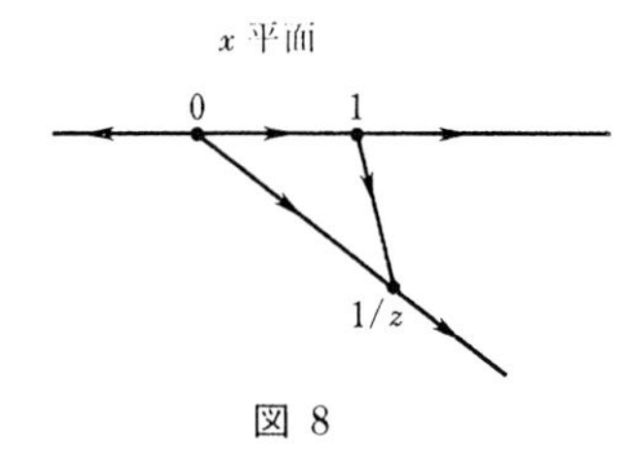

図 8

となるようにとって固定する．積分路上の x に対して $X(z,x)$ の値を確定するために

$$\arg x = -\arg z, \quad \frac{\pi}{2} < \arg(1-x) + \arg z < \pi, \quad \arg(1-zx) = -\pi \tag{12.28}$$

と定める．積分変数の変換

$$zx = 1/y$$

をすると，x が積分路上にあることと $0 < y < 1$ とが同値であり，このとき (12.28) より

$$\arg y = 0, \quad \arg(y-1) = -\pi, \quad \frac{\pi}{2} < \arg(zy-1) < \pi$$

である．したがって $y \in (0,1)$, $z \in B_0' = B(0;1) - \{0\}$ に対して $\arg(1-y) = 0, -\pi/2 < \arg(1-zy) < 0$ と定めると

$$\int_{1/z}^{\infty} X(z,x)\,dx = e^{\pi i(\gamma+\beta-\alpha-1)}\,z^{1-\gamma}\int_0^1 y^{\beta-\gamma}(1-y)^{-\beta}(1-zy)^{\gamma-\alpha-1}\,dy$$

が導かれる．この右辺の積分の値は，$a = \beta-\gamma+1$, $b = \alpha-\gamma+1$, $c = 2-\gamma$ とおくと (12.25) より $[\Gamma(a)\Gamma(c-a)/\Gamma(c)]F(a,b,c;z)$ である．よって

$$\begin{aligned} &z^{1-\gamma}F(\alpha-\gamma+1,\beta-\gamma+1,2-\gamma;z) = e^{\pi i(\alpha-\beta-\gamma+1)}\times \\ &\frac{\Gamma(2-\gamma)}{\Gamma(\beta-\gamma+1)\Gamma(1-\beta)}\int_{1/z}^{\infty} x^{\alpha-1}(1-x)^{\gamma-\alpha-1}(1-zx)^{-\beta}\,dx \end{aligned} \tag{12.29}$$

が得られた．ここで，$z \in B_0'$ と積分路上の x に対して $\arg x$, $\arg(1-x)$, $\arg(1-zx)$ は (12.28) で定められたもので，

$$\gamma \notin \boldsymbol{Z}_{>0}, \quad \mathrm{Re}(\beta-\gamma) > -1, \quad \mathrm{Re}\,\beta < 1, \quad |z| < 1 \tag{12.30}$$

と仮定しておく．(12.29) は，積分 $\int_{1/z}^{\infty} X(z,x)\,dx$ が z が 0 に近いところで解 (12.11) に 0 でない定数倍を除いて等しいことを示す公式である．

このようにして，x の関数 $X(z,x)$ の 4 個の特異点 $\{0,1,1/z,\infty\}$ のうちの 2 点を結ぶ線分または半直線 $\overrightarrow{01}$, $\overrightarrow{(1/z)\infty}$ に沿って $X(z,x)$ を積分することにより，(12.7) の解が得られることがわかった．4 点から 2 点を選ぶ組合せの数は 6 であるので，他の 4 つの組合せに対してはどうであろうかということが当然問題になる．これについては次の問の命題が成り立つ．(12.29) のように定数を正確に決めようとすると，上の計算のように積分路上の $X(z,x)$ の値を確定するための手順が必要であるが，定数倍ということを確かめるだけであれば変数変換を適当にとって形式的に計算すればよい．

問 12.1. $\mathrm{Im}\,z>0$ なる z に対して x 平面上の積分路を図 8 のようにとる．z が 1 に近いとき，$\int_0^{\infty} X(z,x)\,dx$ は解 (12.14) に，$\int_1^{1/z} X(z,x)\,dx$ は解 (12.15) にそれぞれ定数倍を除いて等しく，z が ∞ に近いとき，すなわち $|z|$ が十分大きいとき，$\int_1^{\infty} X(z,x)\,dx$ は解 (12.16) に，$\int_0^{1/z} X(z,x)\,dx$ は解 (12.17) にそれぞれ定数倍を除いて等しいことを示せ．

以上で，ガウスの超幾何微分方程式 (12.7) は，$\int_p^q X(z,x)\,dx$, $p,q\in\{0,1,1/z,\infty\}$ （$X(z,x)$ は (12.27) で定義される関数）と表される解をもつことがわかった．これを (12.7) の解の**オイラー積分表示**という．ところで上述の方法は超幾何級数 $F(\alpha,\beta,\gamma;z)$ から，その係数がもつ特別な性質を用いて，直接的に積分表示式 (12.25) を導き，その後 (12.25) の右辺の積分路を変更して他の解の積分表示を求めるというものであった．(12.25) は非常に重要な公式で接続問題を考えるときにも大きい役割を果たす．しかしこの方法はいかにもハードな感じがする．微分方程式 (12.7) を用いてもっと容易に同じ積分表示を得ることはできないだろうか．もちろんそういうソフトな，またある意味で発見的な方法も知られている．それを次に参考論文 [Y] に基づいて解説することにする．

記号の説明から始めよう．微分作用素 $\partial/\partial z$, $\partial/\partial x$ をそれぞれ ∂_z, ∂_x と書くことにする．このとき変数 z あるいは x に関するオイラー作用素は $\delta_z=z\partial_z$, $\delta_x=x\partial_x$ と表される．zx の関数 $f=f(zx)$ に対して $\delta_z f(zx)=zxf'(zx)$, $\delta_x f(zx)=zxf'(zx)$ だから

(12.31) $$\delta_z f=\delta_x f$$

が成り立つことに注意しよう．

(12.5) の $L = P(\delta_z - 1) - zQ(\delta_z)$ に対して $z^{-1}L$ が

$$z^{-1}L = (\delta_z + \gamma)\partial_z - (\delta_z + \alpha)(\delta_z + \beta)$$

であることが (12.6) を用いて確かめられる．さて

$$w(z) = \int_p^q u(x)(1 - zx)^c \, dx \tag{12.32}$$

という形の (12.7) の解を求めることを考えよう．ここで定数 c と x の関数 $u(x)$ はこれから決めるもの，積分の端点 p, q はここではまだ決めてない関数 $u(x)$ の特異点，あるいは $(1-zx)^c$ の特異点 $1/z$, ∞ のどれかとしておく．以下，積分と δ_z および ∂_z は交換可能と仮定する．積分の端点が $1/z$ の場合もあるので念のためもう少し注意をしておく．一般に，z と x の関数 $f(z,x)$ の x についての積分の端点 p, q が z に依存するとき

$$\partial_z \int_p^q f(z,x)\, dx = f(z,q)\frac{dq}{dz} - f(z,p)\frac{dp}{dz} + \int_p^q [\partial_z f(z,x)]dx$$

であるが，以下では $f(z,q)$ も $f(z,p)$ も 0 となるような条件も成り立っていると仮定する．

さて $\partial_z(1-zx)^c = -cx(1-zx)^{c-1}$ であるので

$$\begin{aligned}
(\delta_z + \gamma)\partial_z w &= -c\int_p^q xu(x)[(\delta_z + \gamma)(1-zx)^{c-1}]dx \\
&= -c\int_p^q xu(x)[(\delta_x + \gamma)(1-zx)^{c-1}]dx \\
&= -c\int_p^q xu(x)x[\partial_x(1-zx)^{c-1}]dx - c\int_p^q \gamma xu(x)(1-zx)^{c-1}\, dx \\
&= c\int_p^q [\partial_x(x^2u(x))](1-zx)^{c-1}\, dx - c\int_p^q \gamma xu(x)(1-zx)^{c-1}\, dx \\
&= -c\int_p^q [(-\partial_x x^2 + \gamma x)u(x)](1-zx)^{c-1}\, dx.
\end{aligned}$$

上式の 2 番目の等号において (12.31) を用いている．また 4 番目の等号では部分積分をして，$[x^2u(x)(1-zx)^{c-1}]_p^q = 0$ が成り立つものと仮定している．以

後このような仮定はいちいち断らない．上と同様に

$$\begin{aligned}
-(\delta_z+\alpha)(\delta_z+\beta)w &= -\int_p^q u(x)[(\delta_z+\alpha)(\delta_z+\beta)(1-zx)^c]dx \\
&= -\int_p^q u(x)[(\delta_x+\alpha)(\delta_z+\beta)(1-zx)^c]dx \\
&= -\int_p^q [(-\partial_x x+\alpha)u(x)][(\delta_z+\beta)(1-zx)^c]dx.
\end{aligned}$$

この 2 つの結果をみくらべると，最後の式の最後の項 $(\delta_z+\beta)(1-zx)^c$ が $(1-zx)^{c-1}$ の定数倍となれば $z^{-1}Lw$ がよい形になることがわかる．この条件は

$$c=-\beta$$

で，このときこの項は $\beta(1-zx)^{-\beta-1}$ となることがわかる．したがって $c=-\beta$ のとき

$$z^{-1}Lw=\beta\int_p^q [Mu(x)](1-zx)^{-\beta-1}\,dx,$$

$$M=-\partial_x x^2+\gamma x+\partial_x x-\alpha$$

が成り立つ．よって $c=-\beta$ で $u=u(x)$ が微分方程式 $Mu=0$ の解であれば，(12.32) で定義される $w=w(z)$ は (12.7) の解となる．$Mu=0$ は単独 1 階線形微分方程式なので解くことができる．ここが大事なところである．微分作用素の重要な公式 (12.6) を用いて M を書き換えると，$M=x(1-x)\partial_x-(2-\gamma)x+(1-\alpha)$ となる．したがって $Mu=0$ は

$$\frac{du}{u}=\left(\frac{\alpha-1}{x}-\frac{\gamma-\alpha-1}{1-x}\right)dx$$

と書け

$$u=x^{\alpha-1}(1-x)^{\gamma-\alpha-1}$$

が解である．このようにして (12.27) の $X(z,x)$ を求めることができた．積分 $\int_p^q X(z,x)\,dx$ が実際に (12.7) の解を与えているかどうかは別に確かめる必要のあることである．それはやればできることなので定理として与えておく．

定理 12.3.（オイラー積分表示）　関数 $X(z,x)$ を (12.27) で定義し，p,q を $0,1,1/z,\infty$ から任意に選んだ2点とすると，

$$w_{pq}(z)=\int_{\overrightarrow{pq}} X(z,x)\,dx$$

は (12.7) の解である．ただしこの積分が収束するために，積分路（線分または半直線）の端点に $x=0$ があるときは $\mathrm{Re}\,\alpha>0$，$x=1$ があるときは $\mathrm{Re}(\gamma-\alpha)>0$，$x=1/z$ があるときは $\mathrm{Re}\,\beta<1$，$x=\infty$ があるときは $\mathrm{Re}(\beta-\gamma)>-1$ という条件を仮定する．

この定理に出てくるような条件を積分の**収束条件**ということにする．収束条件を落とすことは，発散積分の有限部分をとるとか，2重結びの積分路（あるいはツイスト・サイクル）をとるとかさまざまな方法によって可能である．これについてのくわしい説明は参考書 [5] の第2章をみてもらうことにし，本書では章末の問題において軽くふれるだけにする．

12.4.　モノドロミー群

ガウスの超幾何微分方程式は数学的に意味のあることであれば何でもわかる方程式で，モノドロミー群を計算する方法も多数ある．ここでは解の基底として前小節でみたオイラー積分表示されるものをとり，それに関するモノドロミー群を計算することにする．$X(z,x)$ を (12.27) で与えられる関数とし，次で定義される $w_0(z)$, $w_1(z)$ を解の基底にとることにしよう．

$$w_0(z)=\int_0^1 X(z,x)\,dx,\quad w_1(z)=\int_1^{1/z} X(z,x)\,dx.$$

定理 12.3 の収束条件は仮定しておく．(12.25)，(12.29) をみれば，上の $w_0(z)$ と $\int_{1/z}^{\infty} X(z,x)\,dx$ を基底にとる方が自然のように思われるが，$w_0(z)$, $w_1(z)$ に関するモノドロミー群の計算の方が手軽であるのでそうする．積分路が有限であるものの方が計算が閉じていて簡単なのである．上の w_0 と w_1 が線形独立であることはこの小節の後半部分で初等的な証明を与えることにする．それまでは線形独立性は保証されているものとして計算を実行する．

上半平面 $H=\{z\in \boldsymbol{C}\mid \mathrm{Im}\,z>0\}$ は $\boldsymbol{C}-\{0,1\}$ 内の単連結領域であるので，(12.7) の任意の解は H において1価正則である．そこでまず H における

$w_0(z)$, $w_1(z)$ の値を確定させる（このことを $w_0(z)$, $w_1(z)$ の分枝を決めるという）．そのためには x の多価関数 $X(z,x)=x^{\alpha-1}(1-x)^{\gamma-\alpha-1}(1-zx)^{-\beta}$ の分枝を決めなければならない．H 内の z に対して x の関数 $X(z,x)$ は $x=0$, $x=1$, $x=1/z$ にそれぞれ1個の特異点をもつ3つのべき関数の積であるので，図9のように複素 x 平面 $\boldsymbol{C}$ から3本の半直線 $\overline{0\infty}$, $\overline{1\infty}$, $\overline{(1/z)\infty}$ を除いた単連結領域を D とすると，$X(z,x)$ のどの分枝も D において1価である．特に $x\in(0,1)$，すなわち実軸上の開区間 $(0,1)$ にある x に対して $\arg x$, $\arg(1-x)$, $\arg(1-zx)$ の値を決めてやれば，D のすべての点 x における値が確定する．ここでは $z\in H$ のとき $x\in(0,1)$ に対して

$$\arg x=0,\quad \arg(1-x)=0,\quad -\pi<\arg(1-zx)<0 \tag{12.33}$$

となるように決める．D においてこのように値を決めた関数を，すなわちこのように決めた $X(z,x)$ の分枝を $X_b(z,x)$ と書くことにしよう．線分 $\overline{01}$, $\overline{1(1/z)}$ は D 内にあるので $X(z,x)$ としてこの $X_b(z,x)$ をとることにより，H における $w_0(z), w_1(z)$ の値が，

$$w_0(z)=\int_0^1 X_b(z,x)\,dx,\quad w_1(z)=\int_1^{1/z} X_b(z,x)\,dx. \tag{12.34}$$

と確定する．

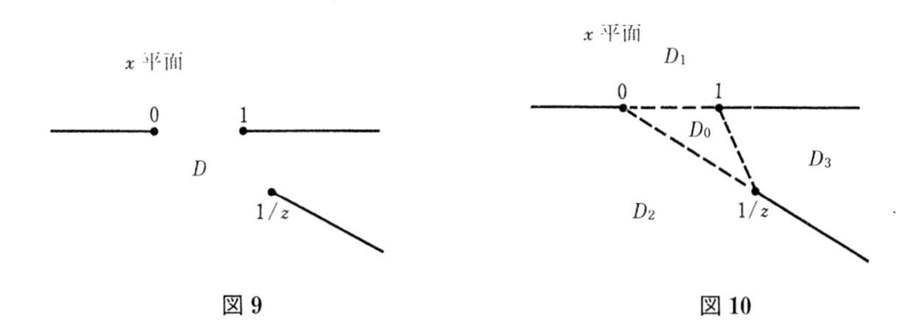

図9　図10

関数 $X(z,x)$ の多価性をややくわしく述べてそれに慣れていただこう．単連結領域 D を図10のように $D=\bigcup_{k=0}^{3}D_k$ と分割しておく．さて，たとえば $X_b(z,x)$ を半直線 $\overline{0\infty}$ 上の任意の点を通って，D_1 の側から D_2 の側へ解

析接続して得られる D における関数が何であるか考えてみよう．$x \in D$ に対してこの解析接続の前後で $\arg(1-x)$, $\arg(1-zx) = \arg z + \arg(1/z - x)$ の値に変化はないが，$\arg x$ の値は 2π だけ増加する．よって $X_b(z,x)$ をこのように解析接続して得られる D における関数は $\exp(2\pi i\alpha)X_b(z,x)$ である．(11.32) で与えられた記号 $e(\cdot)$ を用いれば $e(\alpha)X_b(z,x)$ である．$X_b(z,x)$ を D_2 の側から D_1 の側へ，すなわち上とは逆向きに解析接続した関数は $e(-\alpha)X_b(z,x)$ である．半直線 $\overline{(1/z)\infty}$ を D_2 の側から D_3 の側へ越えるときは，$\arg x$, $\arg(1-x)$ の変化はなく $\arg(1/z-x)$ が 2π 増加するので，$\arg(1-zx) = \arg z + \arg(1/z-x)$ は 2π 増加する．したがって，$X_b(z,x)$ をこのように解析接続して得られる D における関数は $e(-\beta)X_b(z,x)$ である．この逆向きに解析接続すれば $e(\beta)X_b(z,x)$ が得られる．半直線 $\overline{1\infty}$ を越えての解析接続も同様であるので読者みずから確かめられたい．

さて z 平面における上半平面 H 内に点 a を任意にとって固定する．さらに図11のように，a を始点かつ終点とする $\boldsymbol{C} - \{0,1\}$ 内の閉曲線 L_0, L_1 をとる．L_0 は $z=0$ の周りを，L_1 は $z=1$ の周りをそれぞれ正の方向に1回転するものである．$[L_0]$, $[L_1]$ をそれぞれ L_0, L_1 のホモトピー類とすると，基本群 $\pi_1(\boldsymbol{C} - \{0,1\}, a)$ は $[L_0]$ と $[L_1]$ とによって生成される自由群である．したがって (w_0, w_1) を L_p, $p = 0, 1$ に沿って解析接続したものを $(w_0, w_1)M_p$, $M_p \in GL(2, \boldsymbol{C})$ とすると，M_0, M_1 で生成される $GL(2, \boldsymbol{C})$ の部分群が w_0, w_1 に関する (12.7) のモノドロミー群である．これからこの群の生成元 M_0, M_1 を計算する．

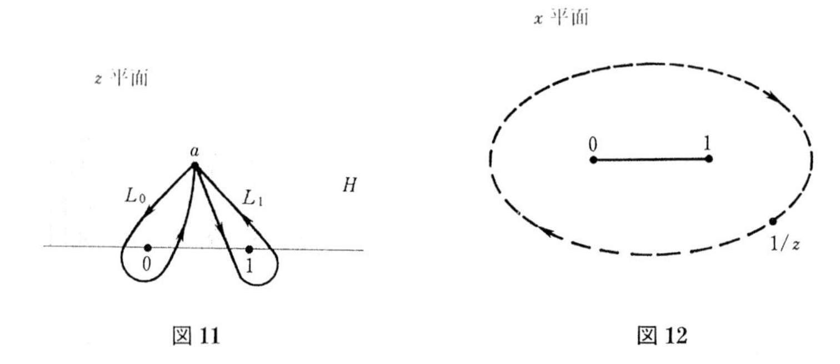

図11　　図12

[w_0 の L_0 に沿っての解析接続]　z が L_0 に沿って動くとき $x = 1/z$ は図 12 のように線分 $\overline{01}$ の周りを負の方向に 1 回転する．このとき積分路上の点 x における $X_b(z,x)$ の値の変化をみよう．まず $\arg x$, $\arg(1-x)$ は不変である．次に $\arg(1-zx)$ であるが，関係式 $\arg(1-zx) = \arg z + \arg(1/z - x)$ と $\arg z$ の増加が 2π で $\arg(1/z - x)$ の増加が -2π であることより，$\arg(1-zx)$ も不変であることがわかる．したがって w_0 の L_0 に沿っての解析接続は w_0 である．このことを

$$\rho_{L_0} : w_0 \longrightarrow w_0 \tag{12.35}$$

と表すことにする．

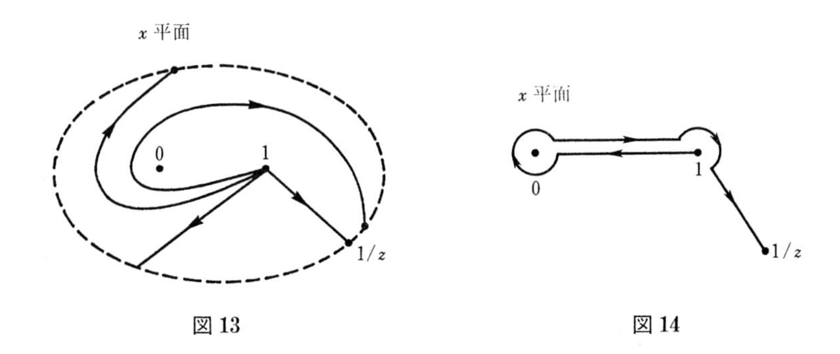

図 13　　図 14

[w_1 の L_0 に沿っての解析接続]　z が L_0 に沿って動くとき $x = 1/z$ の動きは上でみた通りである．このとき積分路 $\overrightarrow{1(1/z)}$ は図 13 のような途中経過をたどって図 14 のように変形される．コーシーの積分定理よりこのように変形された積分路に沿っての積分はまず有向線分 $\overrightarrow{10}$ に沿い，続いて $\overrightarrow{01}$ に沿い，さらに $\overrightarrow{1(1/z)}$ に沿って積分したものになる．ただし，はじめの 2 つの積分は被積分関数 $X(z,x)$ の異なる分枝を積分しているので，打ち消し合うわけではない．変形された積分路の始点に十分近い点 x，すなわち $0 < 1 - x \ll 1$ であるような x に対して被積分関数の値が $X_b(z,x)$ に等しいことは，上で（すなわち (12.35) を導くときに）確かめた．よって第 1 の線分における積分は $\int_1^0 X_b(z,x)\,dx = -\int_0^1 X_b(z,x)\,dx$ である．第 2 の線分に移るとき $\arg x$ は -2π 増加するので，この線分上での被積分関数の値は

$e(-\alpha)X_b(z,x)$ である．よって第2の線分における積分は $e(-\alpha)\int_0^1 X_b(z,x)\,dx$ である．第3の線分に移るときは $\arg(1-x)$ が -2π 増加するので，被積分関数の値はさらに $e(\alpha-\gamma)$ 倍される．よってこの線分の上での被積分関数の値は $e(\alpha-\gamma)e(-\alpha)X_b(z,x)=e(-\gamma)X_b(z,x)$ である．よって第3の線分における積分は $e(-\gamma)\int_1^{1/z} X_b(z,x)\,dx$ である．これらを合わせると w_1 の L_0 に沿っての解析接続は

$$(e(-\alpha)-1)\int_0^1 X_b(z,x)\,dx+e(-\gamma)\int_1^{1/z} X_b(z,x)\,dx=(e(-\alpha)-1)w_0+e(-\gamma)w_1$$

である．したがって

$$\rho_{L_0}:w_1\longrightarrow(e(-\alpha)-1)w_0+e(-\gamma)w_1. \tag{12.36}$$

上で第1の積分，第2の積分，第3の積分として計算したものを $X_b(z,x)dx$ の $-\overrightarrow{01}, e(-\alpha)\overrightarrow{01}, e(-\gamma)\overrightarrow{1(1/z)}$ 上の積分と考え，この3個の積分の和を $X_b(z,x)dx$ の $(e(-\alpha)-1)\overrightarrow{01}+e(-\gamma)\overrightarrow{1(1/z)}$ 上での積分と考えることにすると便利である．このとき積分路 $\overrightarrow{1(1/z)}$ は L_0 に沿っての解析接続により $(e(-\alpha)-1)\overrightarrow{01}+e(-\gamma)\overrightarrow{1(1/z)}$ に変化したといい

$$\rho_{L_0}:\overrightarrow{1(1/z)}\longrightarrow(e(-\alpha)-1)\overrightarrow{01}+e(-\gamma)\overrightarrow{1(1/z)}$$

と表すことにする．(12.36) はこの図式からただちに出る．

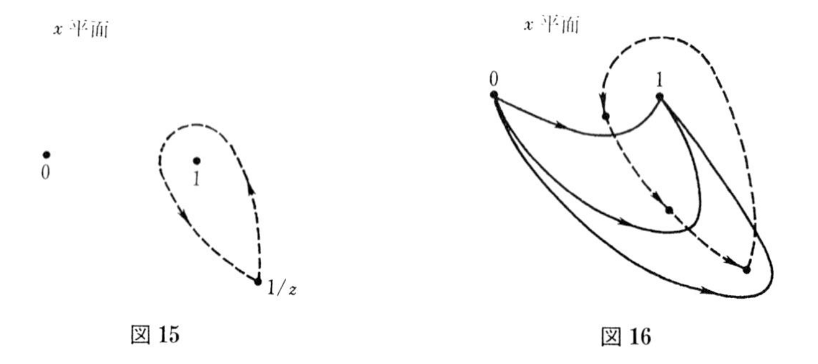

図 15　　図 16

［w_0 の L_1 に沿っての解析接続］　z が L_1 に沿って動くとき x 平面上の点 $x=1/z$ は図15のように動く．よって積分路 $\overrightarrow{01}$ は図16のように変形される．

変形された積分路の始点の近くの x に対して被積分関数の値は $X_b(z,x)$ である．したがって上の計算と同様に，変形された積分路は $\overrightarrow{0(1/z)} - e(-\beta)\overrightarrow{1(1/z)}$ となる．ここで，単連結領域 D において $\overrightarrow{0(1/z)} = \overrightarrow{01} + \overrightarrow{1(1/z)}$（ここで等号はホモトピー類として等しいことを表す）であることに注意すると

$$\rho_{L_1} : \overrightarrow{01} \longrightarrow \overrightarrow{01} + (1 - e(-\beta))\overrightarrow{1(1/z)}$$

が確かめられる．よって

$$\rho_{L_1} : w_0 \longrightarrow w_0 + (1 - e(-\beta))w_1. \tag{12.37}$$

[w_1 の L_1 に沿っての解析接続]　z が L_1 に沿って動くとき積分路 $\overrightarrow{1(1/z)}$ は図形としては元と変わらない．積分路の始点に近い点 x における被積分関数の値を調べよう．$\arg x$ は不変，$\arg(1-x)$ は 2π 増加，$\arg z$ は不変で $\arg(1/z - x)$ は 2π 増加であるので，$\arg(1-zx) = \arg z + \arg(1/z - x)$ は 2π 増加，よって被積分関数の値は $e(\gamma-\alpha)e(-\beta)X_b(z,x) = e(\gamma-\alpha-\beta)X_b(z,x)$ である．したがって

$$\rho_{L_1} : \overrightarrow{1(1/z)} \longrightarrow e(\gamma - \alpha - \beta)\overrightarrow{1(1/z)}$$

すなわち

$$\rho_{L_1} : w_1 \longrightarrow e(\gamma - \alpha - \beta)w_1. \tag{12.38}$$

以上より

$$M_0 = \begin{pmatrix} 1 & e(-\alpha) - 1 \\ 0 & e(-\gamma) \end{pmatrix}, \tag{12.39}$$

$$M_1 = \begin{pmatrix} 1 & 0 \\ 1 - e(-\beta) & e(\gamma - \alpha - \beta) \end{pmatrix}, \tag{12.40}$$

とすると，w_0, w_1 に関する (12.7) のモノドロミー群は M_0, M_1 で生成される $GL(2, \boldsymbol{C})$ の部分群であることがわかった．

さて w_0, w_1 の線形独立性を証明しておこう．2点 p, q を $0, 1, 1/z, \infty$ の中からとり $w_{pq} = \int_{\overrightarrow{pq}} X_b(z,x)\,dx$ とする．ただし有向線分あるいは有向半直線 $\overrightarrow{pq}$ は図8のようにとり，$\overrightarrow{0\infty}$ は D_2 の側からの極限，$\overrightarrow{1\infty}$ と $\overrightarrow{(1/z)\infty}$ は D_3 の側からの極限とする（図10参照）．$w_0 = w_{01}$, $w_1 = w_{1(1/z)}$ に注意しておく．小節12.3で w_{01} と $w_{(1/z)\infty}$ の線形独立性は示してあるので，$w_{(1/z)\infty}$ が w_{01} と $w_{1(1/z)}$ の線形結合で表されることを確かめればよい．コーシーの積分定理より $\int_{\partial D_k} X_b(z,x)\,dx = 0$, $k = 0, 1, 2, 3$ が成り立つ．∂D_k における $X(z,x)$ の分枝がどう定まっているかに注意してこれを書き下せば

$$w_{01} + w_{1(1/z)} - w_{0(1/z)} = 0, \tag{12.41}$$

$$-e(\alpha)w_{0\infty} + w_{01} + e(\alpha-\gamma)w_{1\infty} = 0, \tag{12.42}$$

$$-e(-\beta)w_{(1/z)\infty} - w_{0(1/z)} + w_{0\infty} = 0, \tag{12.43}$$

$$w_{(1/z)\infty} + w_{1(1/z)} - w_{1\infty} = 0. \tag{12.44}$$

これより

$$w_{(1/z)\infty} = \frac{1}{e(\beta-\gamma)-1}[e(\beta-\alpha)(e(\alpha)-1)w_{01} + e(\beta-\gamma)(e(\gamma)-1)w_{1(1/z)}]$$

が得られ，$w_0 = w_{01}$ と $w_1 = w_{1(1/z)}$ の線形独立性が示された．以上より

定理 12.4. パラメータに関する積分の収束条件

$$\operatorname{Re}\alpha > 0,\ \operatorname{Re}(\gamma-\alpha) > 0,\ \operatorname{Re}\beta < 1,\ \operatorname{Re}(\beta-\gamma) > -1 \tag{12.45}$$

と非整数条件

$$\alpha,\ \beta,\ \gamma,\ \alpha-\beta,\ \beta-\gamma,\ \gamma-\alpha,\ \alpha+\beta-\gamma \notin \boldsymbol{Z} \tag{12.46}$$

を仮定する．このとき (12.34) で定義される w_0, w_1 は線形独立で，これに関する (12.7) のモノドロミー群は，(12.39) と (12.40) で与えられる M_0 と M_1 で生成される $GL(2, \boldsymbol{C})$ の部分群である．

注意 12.1. $z=0$ で正則な $w_0(z)$ を L_1 に沿って解析接続すると (12.36) のように $w_1(z)$ の項がつけ加わる．$w_1(z)$ は $z=0$ で正則でないので，$w_0(z)$ の L_1 に沿っての解析接続は $z=0$ で正則でない．

12.5. 接続問題

ガウスの超幾何微分方程式 (12.7) の $z=0$ の近くで (12.1) および (12.11) で与えられる解と，$z=1$ の近くで (12.14) および (12.15) で与えられる解の間にはある線形関係式がある．その係数（**接続係数**といわれる）を正確に決定できれば，たとえば超幾何級数 (12.1) の任意の曲線に沿っての解析接続が $z=1$ の近くでどうふるまうかがよくわかる．これを (12.7) の特異点 $z=0$ と $z=1$ の間の**接続問題**という．同様に $z=1$ と $z=\infty$ の間の接続問題もある．接続問題が解ければモノドロミー群も決定できることに注意しておこう．ここでは $z=0$ と $z=1$ の間の接続問題を考えることにしよう．鍵となるのは次の定理である．

定理 12.5.（ガウス・クンマーの定理） 条件

$$\mathrm{Re}(\gamma-\alpha-\beta)>0 \tag{12.47}$$

と非整数条件 (12.46) のもとで

$$\lim_{z\to 1, 0<z<1} F(\alpha,\beta,\gamma;z)=\frac{\Gamma(\gamma)\Gamma(\gamma-\alpha-\beta)}{\Gamma(\gamma-\alpha)\Gamma(\gamma-\beta)} \tag{12.48}$$

が成り立つ．

定理の証明に必要な 2 つの補題を与えておく．

補題 12.1.（スターリングの公式） 任意の $\varepsilon>0$ に対して，$z\to\infty$, $|\arg z|<\pi-\varepsilon$ のとき

$$\Gamma(z)/[\sqrt{2\pi}z^{z-1/2}e^{-z}]\longrightarrow 1 \tag{12.49}$$

が成り立つ（(12.49) を $\Gamma(z)\sim\sqrt{2\pi}z^{z-1/2}e^{-z}$ と書く）．

補題 12.2.（アーベルの定理） 収束半径が 1 のべき級数 $\sum_{k=0}^{\infty}c_kz^k$ に対して $\sum_{k=0}^{\infty}c_k$ が収束すれば

$$\lim_{z\to 1, 0<z<1}\left[\sum_{k=0}^{\infty}c_kz^k\right]=\sum_{k=0}^{\infty}c_k \tag{12.50}$$

が成り立つ．

定理 12.5 の証明　ガウスの超幾何級数の係数を a_k, $k=0,1,\ldots$ とする．(12.1), (12.2) より a_k をガンマ関数を用いて表し，補題 12.1 を使って $|a_k|$ の $k\to\infty$ のときの漸近挙動を調べる．$(1+\alpha/k)^k\to e^\alpha$, $(1+\alpha/k)^{\alpha-1/2}\to 1$, $(k\to\infty)$ などに注意すると $|a_k|\sim|\Gamma(\gamma)/[\Gamma(\alpha)\Gamma(\beta)]|k^{\mathrm{Re}(\alpha+\beta-\gamma)-1}$，よってある正数 M が存在し

$$|a_k|\le Mk^{\mathrm{Re}(\alpha+\beta-\gamma)-1},\qquad k=0,1,\ldots$$

が成り立つ．ところで $c<-1$ ならば $\sum_{k=0}^\infty k^c<+\infty$ であるので，この不等式と定理の仮定から $\sum_{k=0}^\infty|a_k|<+\infty$ である．したがって $\sum_{k=0}^\infty a_k$ は収束し，補題 12.2 より $z\to 1$, $0<z<1$ のとき $F(\alpha,\beta,\gamma;z)$ は $\sum_{k=0}^\infty a_k$ に収束する．$\sum_{k=0}^\infty a_k$ の値は (12.25) を導いた過程をもう一度たどると，(12.25) の右辺で $z=1$ とおいたものに等しいことがわかる．そこで再びベータ関数とガンマ関数の間の関係式 (12.20) を用いると (12.48) の右辺が得られる．　□

定理 12.5 を用いて (12.7) の $z=0$ と $z=1$ の間の接続問題を解こう．$z=0$ の近くの解 (12.1), (12.11) を $f_0(z), f_1(z)$ とし，$z=1$ の近くの解 (12.14), (12.15) を $g_0(z), g_1(z)$ とする．すなわち

$$\begin{aligned}f_0(z)&=F(\alpha,\beta,\gamma;z),\\ f_1(z)&=z^{1-\gamma}F(\alpha-\gamma+1,\beta-\gamma+1,2-\gamma;z),\end{aligned}\tag{12.51}$$

$$\begin{aligned}g_0(z)&=F(\alpha,\beta,\alpha+\beta-\gamma+1;1-z),\\ g_1(z)&=(1-z)^{\gamma-\alpha-\beta}F(\gamma-\alpha,\gamma-\beta,\gamma-\alpha-\beta+1;1-z),\end{aligned}\tag{12.52}$$

とおく．$B_0=B(0;1)$, $B_1=B(1;1)$, $B=B(1/2;1/2)$ とする（図 17 参照）．$\boldsymbol{C}-\{0,1\}$ 内の単連結領域で $z=0,1$ を境界上にもつ B において，f_0, f_1 と g_0, g_1 との間の関係式

$$\begin{aligned}f_0(z)&=bg_0(z)+cg_1(z),\\ f_1(z)&=b'g_0(z)+c'g_1(z)\end{aligned}\tag{12.53}$$

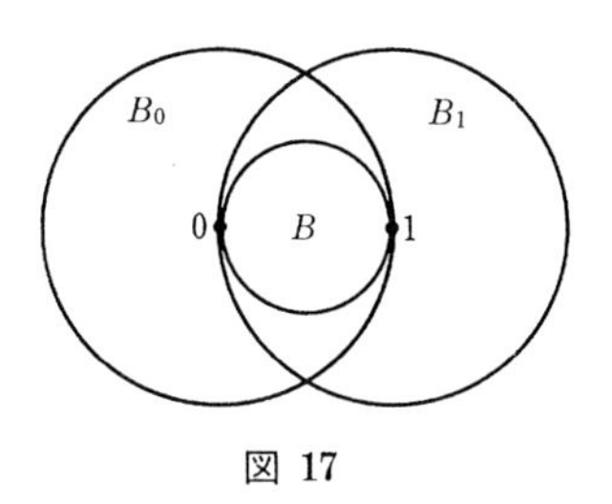

図 17

を求めよう．B における解 (12.51), (12.52) の値を確定するために，$z \in (0,1) \subset B$ に対して

$$\arg z = 0, \qquad \arg(1-z) = 0 \tag{12.54}$$

と決めておく．さらに定理 12.4 と同じ非整数条件 (12.46) を仮定する．b, c, b' c' はいずれも α, β, γ の関数である．(12.46) をみたす $(\alpha, \beta, \gamma) \in \boldsymbol{C}^3$ 全体のなす領域を A としよう

$$A = \{(\alpha, \beta, \gamma) \in \boldsymbol{C}^3 \mid \alpha, \beta, \gamma は (12.46) をみたす\}.$$

まず $\mathrm{Re}(\gamma - \alpha - \beta) > 0$ と仮定する．(12.53) のはじめの式において $z \to 1$, $0 < z < 1$ とすると，定理 12.5 より左辺は (12.48) の右辺に収束し，右辺は b に収束する．よって

$$b(\alpha, \beta, \gamma) = \frac{\Gamma(\gamma)\Gamma(\gamma - \alpha - \beta)}{\Gamma(\gamma - \alpha)\Gamma(\gamma - \beta)} \tag{12.55}$$

が $A \cap \{\mathrm{Re}(\gamma - \alpha - \beta) > 0\}$ において成立する．ところでこの右辺は A で正則であるのでこの等式は A において成立する．

c の値を決めるには $f_0(z)$ の別の表現が必要である．天下りではあるが (12.7) に

$$w = (1-z)^{\gamma - \alpha - \beta} u$$

という変換をすると，u に関する方程式は $E(\gamma - \alpha, \gamma - \beta, \gamma)$ となる（このような変換は，§14 で説明するリーマンの P 関数の一般的性質から容易にみつけられることを注意しておく）．したがって B における分枝のとりかたを

(12.54) で決めると

$$f_0(z) = (1-z)^{\gamma-\alpha-\beta} F(\gamma-\alpha, \gamma-\beta, \gamma; z) \tag{12.56}$$

が得られる．さて $\mathrm{Re}(\gamma-\alpha-\beta) < 0$ を仮定する．(12.53) の始めの式の両辺に $(1-z)^{\alpha+\beta-\gamma}$ を掛けて $z \to 1$, $0 < z < 1$ とする．このとき

$$\mathrm{Re}[\gamma - (\gamma-\alpha) - (\gamma-\beta)] = \mathrm{Re}(\alpha+\beta-\gamma) > 0$$

であるので，定理 12.5 より左辺は $[\Gamma(\gamma)\Gamma(\alpha+\beta-\gamma)]/[\Gamma(\alpha)\Gamma(\beta)]$ に収束し，右辺は c に収束する．よって

$$c(\alpha,\beta,\gamma) = \frac{\Gamma(\gamma)\Gamma(\alpha+\beta-\gamma)}{\Gamma(\alpha)\Gamma(\beta)} \tag{12.57}$$

が $A \cap \{\mathrm{Re}(\gamma-\alpha-\beta) < 0\}$ において成り立つ．よって (12.57) は A 全体で成り立つ．

次に (12.53) の b', c' の値を求めよう．そのためには $g_0(z)$, $g_1(z)$ の別の表現が必要である．(12.56) を導いたのと同様の方法で

$$\begin{aligned} g_0(z) &= z^{1-\gamma} F(\alpha-\gamma+1, \beta-\gamma+1, \alpha+\beta-\gamma+1; 1-z), \\ g_1(z) &= z^{1-\gamma}(1-z)^{\gamma-\alpha-\beta} F(1-\alpha, 1-\beta, \gamma-\alpha-\beta+1; 1-z) \end{aligned} \tag{12.58}$$

が得られる．したがって，(12.53) の第2式を $z^{1-\gamma}$ で割ったものは，(12.53) の第1式において α, β, γ をそれぞれ $\alpha' = \alpha-\gamma+1$, $\beta' = \beta-\gamma+1$, $\gamma' = 2-\gamma$ で置き換えたものである．よって $b' = b(\alpha', \beta', \gamma')$, $c' = c(\alpha', \beta', \gamma')$，すなわち

$$b' = \frac{\Gamma(2-\gamma)\Gamma(\gamma-\alpha-\beta)}{\Gamma(1-\alpha)\Gamma(1-\beta)}, \quad c' = \frac{\Gamma(2-\gamma)\Gamma(\alpha+\beta-\gamma)}{\Gamma(\alpha-\gamma+1)\Gamma(\beta-\gamma+1)} \tag{12.59}$$

が得られた．以上で (12.7) の $z=0$ と $z=1$ の間の接続問題が解けた．これを定理にまとめると

定理 12.6.（接続係数） 非整数条件 (12.46) を仮定する．このとき (12.51), (12.52) で定義される (12.7) の $z=0, z=1$ における線形独立な解の間の線形関係式を (12.53) とすると，その係数 b, c, b', c' は (12.55)，(12.57)，(12.59) で与えられる．

問 12.1. 上と同様に (12.7) の $z=1$ と $z=\infty$ の間の接続問題を解け．

12.6. 昇降作用素

ガウスの超幾何微分方程式のもつ重要な性質に，パラメータ α または β または γ を 1 だけ増減させる微分作用素の存在がある．これについて簡単にふれておこう．くわしいことは参考書 [5] または [13] を参照されたい．(12.5) で定義される微分作用素 L を $L(\alpha,\beta,\gamma)$ と書き，ガウスの超幾何微分方程式 $L(\alpha,\beta,\gamma)w=0$ の解全体のなす線形空間を $V(\alpha,\beta,\gamma)$ と表すことにする．解は一般に多価関数であるので $X=\boldsymbol{C}-\{0,1\}$ の普遍被覆面の上で考える必要がありわかりにくいかもしれない．$V(\alpha,\beta,\gamma)$ を，任意の点 $a\in X$ を中心とする X に含まれる開円板 B_a における解全体 $V_a(\alpha,\beta,\gamma)$ に置き換えて理解してもよい．以下 δ は (12.4) で定義されたオイラー作用素 zd/dz を表す．

天下りであるが，関係式 (12.6) に注意して計算すると，作用素として

$$(\delta+\alpha)L(\alpha,\beta,\gamma)=L(\alpha+1,\beta,\gamma)(\delta+\alpha) \tag{12.60}$$

が成り立つことがわかる．これは任意の関数 $w=w(z)$ に作用させたとき

$$(\delta+\alpha)L(\alpha,\beta,\gamma)w=L(\alpha+1,\beta,\gamma)(\delta+\alpha)w \tag{12.61}$$

ということを意味する．w として特に $V(\alpha,\beta,\gamma)$ に属するものをとれば (12.61) の左辺は 0 であるので，$v=(\delta+a)w$ とおくと，$L(\alpha+1,\beta,\gamma)v=0$ すなわち $v=(\delta+a)w$ は $V(\alpha+1,\beta,\gamma)$ に属することがいえる．作用素 $\delta+a$ が線形であることは明らかであるので，いまみたことは $\delta+a$ が $V(\alpha,\beta,\gamma)$ から $V(a+1,\beta,\gamma)$ への線形作用素ということである．これを α に関する**昇作用素**といい，参考書 [5] に従い $H_1(\alpha,\beta,\gamma)$ と表すことにする．

$$H_1(\alpha,\beta,\gamma)=zd/dz+\alpha. \tag{12.62}$$

次にまた天下りであるが

$$B_1(\alpha+1,\beta,\gamma)=z(1-z)d/dz+(\gamma-\alpha-1-\beta z) \tag{12.63}$$

とおくと

$$\begin{aligned}&B_1(\alpha+1,\beta,\gamma)H_1(\alpha,\beta,\gamma)=L(\alpha,\beta,\gamma)+c_1(\alpha,\beta,\gamma),\\&H_1(\alpha,\beta,\gamma)B_1(\alpha+1,\beta,\gamma)=L(\alpha+1,\beta,\gamma)+c_1(\alpha,\beta,\gamma)\end{aligned} \tag{12.64}$$

が確かめられる．ここで

$$c_1(\alpha,\beta,\gamma)=\alpha(\gamma-\alpha-1) \tag{12.65}$$

である．以下しばらく $H_1(\alpha,\beta,\gamma)$ を H と，$B_1(\alpha+1,\beta,\gamma)$ を B と，$V(\alpha,\beta,\gamma)$ を $V(\alpha)$ と，$V(\alpha+1,\beta,\gamma)$ を $V(\alpha+1)$ と略記し，B が $V(\alpha+1)$ を $V(\alpha)$ に移すことを確かめよう．まず $c_1(\alpha,\beta,\gamma)\neq 0$ の場合を調べる．(12.64) の前者より，B は $V(\alpha+1)$ の線形部分空間 $HV(\alpha)$ を $V(\alpha)$ に移すことがわかる．また，同じ式より BH は $V(\alpha)$ からそれ自身への全単射であるので，H は $V(\alpha)$ から $V(\alpha+1)$ への単射な線形写像である．ところで $V(\alpha)$ も $V(\alpha+1)$ も複素2次元線形空間であるので H は全射である．よって B は $V(\alpha+1)$ から $V(\alpha)$ への線形写像である．このとき H も B も同型写像であることに注意しよう．次に $c_1(\alpha,\beta,\gamma)=0$ の場合を調べよう．このとき $BV(\alpha+1)$ は (12.64) の後者より $\mathrm{Ker}\,H$ に含まれることがわかる．すなわち $BV(\alpha+1)$ の元 w は

$$zdw/dz+\alpha w=0 \tag{12.66}$$

をみたす．$\alpha=0$ のときは $w=$ 定数 で，これは $V(\alpha)$ に属する．また，$\gamma=\alpha+1$ のときは $L(\alpha,\beta,\gamma)=\delta(\delta+\alpha)-z(\delta+\beta)(\delta+\alpha)$ であるので，(12.66) の解 $w=z^{-\alpha}$ は $V(\alpha)$ に属する．これで $B_1(\alpha+1,\beta,\gamma)$ が $V(\alpha+1,\beta,\gamma)$ から $V(\alpha,\beta,\gamma)$ への線形写像であることが確かめられた．これを α に関する**降作用素**という．

以上をまとめると，(12.62) で定義される $H_1(\alpha,\beta,\gamma)$ は $V(\alpha,\beta,\gamma)$ から $V(\alpha+1,\beta,\gamma)$ への線形写像で，(12.63) で定義される $B_1(\alpha+1,\beta,\gamma)$ は $V(\alpha+1,\beta,\gamma)$ から $V(\alpha,\beta,\gamma)$ への線形写像で，$c_1(\alpha,\beta,\gamma)\neq 0$ ならば $H_1(\alpha,\beta,\gamma)$ も $B_1(\alpha+1,\beta,\gamma)$ も同型写像ということになる．

α と β は対称であるので，β に関する昇降作用素はすぐにわかる．

γ に関する昇降作用素 H_3, B_3 と上の c_1 に対応する c_3 は

$$\begin{aligned}H_3(\alpha,\beta,\gamma)&=(1-z)d/dz+(\gamma-\alpha-\beta),\\ B_3(\alpha,\beta,\gamma+1)&=zd/dz+\gamma,\\ c_3(\alpha,\beta,\gamma)&=(\gamma-\alpha)(\gamma-\beta).\end{aligned} \tag{12.67}$$

で与えられる．

このような昇降作用素をいかにしてみつけるかという説明をしていない．さまざまな考え方ができるが，§14 で説明するリーマンの P 関数の微分がまた P 関数になる条件を求め，それと P 関数の簡単な公式を併せると自然に発見できるというのが 1 つの答えである（参考書 [13] を参照）．

§13. 特異点の分類，確定特異点における解の構成

前節でみたように，微分方程式の解の特徴は特異点に現われる．この節ではまず斉次線形微分方程式の特異点の分類を行い，次に確定特異点についての一般論を展開する，すなわち確定特異点であるための条件，確定特異点における解の構成法について考察する．解の構成では形式解の収束を示さなければならない．収束の証明法は種々あるが，本書では予備知識のいらない優級数の方法（§8 ですでに用いた）をとる．収束の証明の部分は技術的なことであるので飛ばして必要なときに目を通せばよい．

13.1. 確定特異点，第 1 種特異点

単独 n 階斉次線形微分方程式

$$\frac{d^n w}{dz^n} + a_1(z)\frac{d^{n-1}w}{dz^{n-1}} + \cdots + a_{n-1}(z)\frac{dw}{dz} + a_n(z)w = 0 \tag{13.1}$$

を考えよう．係数 $a_1(z), \ldots, a_n(z)$ は，複素平面 $\boldsymbol{C}$ あるいはリーマン球面 $\boldsymbol{P} = \boldsymbol{C} \cup \{\infty\}$ 内の領域 D において定義されている有理型関数とする．領域 D における有理型関数とは，D 内の点には集積しない，たかだか可算無限個の極を除いては正則な関数のことである．無限遠点 $z = \infty$ の近傍を考えるときは，変数変換 $z = 1/\zeta$ を行って得られる方程式

$$\frac{d^n w}{d\zeta^n} + b_1(\zeta)\frac{d^{n-1}w}{d\zeta^{n-1}} + \cdots + b_{n-1}(\zeta)\frac{dw}{d\zeta} + b_n(\zeta)w = 0 \tag{13.2}$$

を考えるので，この節の考察では D は複素平面 $\boldsymbol{C}$ に含まれるとしてよい．定理 11.1,11.5 より，解の特異点は $a_1(z), \ldots, a_n(z)$ のどれかの特異点である．そこで $a_1(z), \ldots, a_n(z)$ のどれかの特異点（われわれの場合は極）を**方程式 (13.1) の特異点**ということにする．

方程式 (13.1) の特異点の分類をしよう．まず関数の特異点の定義から始める．

定義 13.1.　$w(z)$ を $B'_c = B(c;r) - \{c\}$（点 c を中心とする穴のあいた開円板）において一般に多価正則（すなわち B'_c の普遍被覆面において1価正則）で，$z=c$ で正則でない関数とする．このとき $z=c$ が $w(z)$ の**確定特異点**であるとは，ある正定数 N が存在して，任意の $\underline{\theta}, \overline{\theta}$ に対して，$z \to c$, $\underline{\theta} < \arg(z-c) < \overline{\theta}$ のとき

$$|z-c|^N |w(z)| \longrightarrow 0$$

が成り立つことである．$z=c$ が正則点でも確定特異点でもないとき，**不確定特異点**であるという．

例 13.1.　極はもちろん確定特異点である．また複素定数 ρ，整数 m に対して $(z-c)^\rho (= \exp[\rho \log(z-c)])$ も $[\log(z-c)]^m$ も $z=c$ にたかだか確定特異点をもつ．$z=c$ にたかだか確定特異点をもつ2つの関数の和も積も $z=c$ にたかだか確定特異点をもつ．したがって $f(z)$ を $z=c$ で正則で $f(c) \neq 0$ なる関数とすると，$(z-c)^\rho f(z)[\log(z-c)]^m$ は $z=c$ にたかだか確定特異点をもつ．これよりガウスの超幾何微分方程式 (12.7) の解 (12.1)，(12.11) は $z=0$ に，(12.14)，(12.15) は $z=1$ に，(12.16)，(12.17) は $z=\infty$ にそれぞれたかだか確定特異点をもつこと（$z=\infty$ の場合は $\zeta(=1/z)$ の関数として $\zeta=0$ にたかだか確定特異点をもつこと）がわかる．不確定特異点の例もあげておこう．$\exp[1/(z-c)]$ は $z=c$ に不確定特異点をもつ．0 でない不確定特異点をもつ関数とたかだか確定特異点をもつ関数の積は不確定特異点をもつ．よって複素定数 ρ，整数 m に対して $(z-c)^\rho [\log(z-c)]^m \exp[1/(z-c)]$ は $z=c$ に不確定特異点をもつ．

定義 13.2.（方程式の特異点の分類 I）　方程式 (13.1) の特異点 $z=c$ が方程式の**確定特異点**であるとは，$z=c$ の近くの (13.1) の任意の解が $z=c$ にたかだか確定特異点をもつことであり，**不確定特異点**であるとは，$z=c$ に不確定特異点をもつ解が存在することである．

例 13.2.　例 13.1 でみたことから，ガウスの超幾何微分方程式 (12.7) においてその特異点 $z=0,1,\infty$ はすべて，定理 12.2,(ii) の非整数条件のもとで，確定特異点である．実は非整数条件がみたされなくても確定特異点であることがこのあと明らかにされる（例 13.3 と定理 13.3 参照）．

定義 13.2 は方程式の特異点の分類を解の性質によって行うものであるが，次の定義は方程式の外見によるものである．

定義 13.3.（方程式の特異点の分類 II）　方程式 (13.1) の特異点 $z=c$ が方程式の**第 1 種特異点**であるとは $(z-c)^k a_k(z)$, $k=1,2,\ldots,n$ がすべて $z=c$ で正則であることであり，**第 2 種特異点**であるとは第 1 種特異点でないことである．

例 13.3.　ガウスの超幾何微分方程式 (12.7) の特異点 $z=0,1,\infty$ はいずれも第 1 種特異点である．

単独高階方程式 (13.1) に対しては確定特異点であることと第 1 種特異点であることが同値という事実が重要である．それをこれから確かめていく．まず

定理 13.1.　$z=c$ が方程式 (13.1) の確定特異点であるとする．このとき，$z=c$ の近くでの解の基底として

$$(z-c)^\rho P(z,\log(z-c))$$

という形のものが n 個とれる．ここで ρ は複素定数，$P(z,t)$ は次数が $(n-1)$ 以下の t の多項式でその係数は $z=c$ の近傍で正則な関数である．特に少なくとも 1 つの解として $\log(z-c)$ を含まないもの，すなわち $(z-c)^\rho f(z)$（$f(z)$ は $f(c)\neq 0$ なる $z=c$ の近傍で正則な関数）という形のものがある．解の基底の形より，任意の解 $w(z)$ に対してその導関数 $d^k w(z)/dz^k$, $k=1,2,\ldots$ も $z=c$ に確定特異点をもつ．

証明　$v^0=w, v^1=dw/dz,\ldots,v^{n-1}=d^{n-1}w/dz^{n-1}$ とし，縦ベクトル v を $v={}^t(v^0,v^1,\ldots,v^{n-1})$ で定めると，(13.1) は連立 1 階線形微分方程式

$$dv/dz=A(z)v \tag{13.3}$$

に同値である．ここで $A(z)$ は (10.16) において $a_k(t)$ を $a_k(z)$ で置き換えた n 次正方行列である．したがって $A(z)$ の各成分は $B'_c=B(c;r)-\{c\}$ において正則な関数である．(13.3) の基本系行列を $V(z)$ とする，すなわち $V(z)$ の各列ベクトルは (13.3) の解で $\det V(z)\neq 0 (z\in B'_c)$ をみたす．$V(z)$ は B'_c において一般に多価であることに注意する．$V(z)$ を $z=c$ の周りを正の向きに 1 回

転する曲線に沿って解析接続すると，$V(z)M$ になる．ここで $M \in GL(n,\boldsymbol{C})$．この M に対して $M=\exp(2\pi iR)$ をみたす定数行列 R を1つとる（行列の指数関数は §9 で論じた）．さて $X(z):=V(z)\exp[-R\log(z-c)]$ とすると $X(z)$ は B'_c において1価正則である．なぜなら，$X(z)$ を $z=c$ の周りを正の向きに1回転する曲線にそって解析接続すると，$V(z)M\exp[-2\pi iR]\exp[-R\log(z-c)]=V(z)\exp[-R\log(z-c)]=X(z)$ であって，その値が不変であるから．さて $T\in GL(n,\boldsymbol{C})$ とし (13.3) の別の基本系行列 $V(z)T$ を考える．$V(z)T=X(x)TT^{-1}\exp[R\log(z-c)]T=X(z)T\exp[T^{-1}RT\log(z-c)]$ であるので，T を $R':=T^{-1}RT$ が上3角型ジョルダン標準形となるように選ぶ．$X(z)T$ の $(0,k)$ 成分を $g_k(z)$ とすると（$k=0,1,\ldots,n-1$），横ベクトル

$$(g_0(z),g_1(z),\ldots,g_{n-1}(z))\exp[R'\log(z-c)] \tag{13.4}$$

の各成分が (13.1) の線形独立な解を与える．§9 でくわしく調べたように $\exp[R'\log(z-c)]$ の形はよくわかっているので，定理の証明のためには $g_k(z),\ 0\le k\le n-1$ がすべて $z=c$ にたかだか極をもつことがいえれば十分である．R' が1つのジョルダン・ブロックからなる場合をみておけばよいので $R'=\rho I+S$ とする．ここで ρ は複素定数，I は単位行列，S は (9.23) で与えられる定数行列である．(9.25)，(9.26) より (13.4) の第0成分は $g_0(z)\exp[\rho\log(z-c)]=g_0(z)(z-c)^\rho$ である．$z=c$ が $g_0(z)$ の真性特異点（$z=c$ におけるローラン展開が負べきの項を無限個もつ）であるとすると，$g_0(z)(z-c)^\rho$ は $z=c$ に不確定特異点をもつことになり定理の仮定に反するので，$z=c$ は $g_0(z)$ のたかだか極である．次に (13.4) の第1成分は $g_0(z)(z-c)^\rho\log(z-c)+g_1(z)(z-c)^\rho$ である．これが $z=c$ にたかだか確定特異点をもつという定理の仮定と $g_0(z)$ についていま示したことから，$g_1(z)$ も $z=c$ にたかだか極をもつことがわかる．以下同様にして $g_2(z),\ldots,g_{n-1}(z)$ がすべて $z=c$ をたかだか極とすることがわかる．これより定理の主張を導くことは簡単である． □

この定理よりまず次の定理が得られる．

定理 13.2. 線形微分方程式 (13.1) の確定特異点は第1種特異点である．

証明 $z=c$ が (13.1) の確定特異点であるとする．一般性を失うことなく

$c=0$ と仮定できるのでそうしておく．定理 13.1 より $z=0$ の近くで $z^\rho f(z)$ という形の解があることを注意しておこう．ここで ρ は複素定数，$f(z)$ は $f(0)\neq 0$ をみたす $z=0$ の近傍で正則な関数である．

定理を n に関する帰納法で証明する．$n=1$ の場合は，$a_1(z)=-[dw(z)/dz]/w(z)$ の $w(z)$ のところに $z^\rho f(z)$ を代入すると $a_1(z)=-\rho/z-f'(z)/f(z)$ であり正しい．$n-1$ まで正しいとして n の場合を示そう．(13.1) の解の基底を $w_0,w_1,\ldots,w_{n-1}$ とする．特に $z^\rho f(z)$ という形の解を w_0 とすると $1/w_0(z)$ も $z=0$ をたかだか確定特異点とするから，$u_0(z):=1, u_1(z):=w_1(z)/w_0(z),\ldots,u_{n-1}(z):=w_{n-1}(z)/w_0(z)$ もすべて $z=0$ をたかだか確定特異点とする．$u_0(z),u_1(z),\ldots,u_{n-1}(z)$ は線形独立であるので，これらを解の基底としてもつ線形微分方程式を考えると，定数関数を解にもつことから，

$$\frac{d^n u}{dz^n}+b_1(z)\frac{d^{n-1}u}{dz^{n-1}}+\cdots+b_{n-1}(z)\frac{du}{dz}=0 \tag{13.5}$$

という形をしている．(13.5) を du/dz に関する $n-1$ 階の線形微分方程式とみると，解の基底は $du_1(z)/dz,\ldots,du_{n-1}(z)/dz$ であるが，これらは定理 13.1 より $z=0$ に確定特異点をもつので帰納法の仮定から，$z^k b_k(z),\ k=1,2,\ldots,n-1$ はすべて $z=0$ で正則である．そこで $a_1,a_2,\ldots$ と $b_1,b_2,\ldots$ の間の関係式を求めることにしよう．(13.1) と (13.5) は従属変数の変換

$$w=w_0(z)u \tag{13.6}$$

で移り合う．このことから $a_0(z)=1, b_0(z)=1$ とすると

$$\begin{aligned}
b_1&=\binom{n-1}{n-1}a_1+\binom{n}{n-1}(w_0'/w_0)a_0,\\
b_2&=\binom{n-2}{n-2}a_2+\binom{n-1}{n-2}(w_0'/w_0)a_1+\binom{n}{n-2}(w_0''/w_0)a_0,\\
&\ \vdots\\
b_{n-1}&=\binom{1}{1}a_{n-1}+\binom{2}{1}(w_0'/w_0)a_{n-2}+\cdots+\binom{n}{1}(w_0^{(n-1)}/w_0)a_0
\end{aligned} \tag{13.7}$$

が得られる．(13.7) と $b_1,b_2,\ldots$ の極 $z=0$ の位数の条件，$w_0^{(k)}/w_0$ は $z=0$ にたかだか k 位の極をもつということから，$a_k(z)\,(1\leq k\leq n-1)$

は $z=0$ にたかだか k 位の極をもつことがわかる．したがって，$a_n = -(w_0^{(n)}/w_0) - (w_0^{(n-1)}/w_0)a_1 - \cdots - (w_0'/w_0)a_{n-1}$ も $z=0$ にたかだか n 位の極をもつことがわかる． □

以下，この定理の逆すなわち第1種特異点が確定特異点であることを，解を構成することによって示す．解の構成法がわれわれにとって重要である．

解の構成法は大ざっぱにいって2通りある．1つはフロベニウスの方法といわれる方程式 (13.1) をそのまま扱う方法である．もう1つは (13.1) を連立1階微分方程式に書き換えてその解を構成する方法である．いずれも形式解を求め，その収束性を示すというものである．本書ではまず前者について説明し，その後で後者についても解説する．

13.2. フロベニウスの方法

方程式 (13.1) が $z=c$ に第1種特異点をもつとする．一般性を失うことなく $c=0$ とする．仮定から $b_k(z) := z^k a_k(z)$, $1 \le k \le n$ は $z=0$ の近傍で正則である．(13.1) の両辺に z^n を掛けると

$$z^n \frac{d^n w}{dz^n} + b_1(z) z^{n-1} \frac{d^{n-1} w}{dz^{n-1}} + \cdots + b_{n-1}(z) z \frac{dw}{dz} + b_n(z) w = 0. \tag{13.8}$$

そこで微分作用素 L を

$$L = z^n \frac{d^n}{dz^n} + b_1(z) z^{n-1} \frac{d^{n-1}}{dz^{n-1}} + \cdots + b_{n-1}(z) z \frac{d}{dz} + b_n(z) \tag{13.9}$$

で定義する．ρ を複素定数とし関数 z^ρ に L をほどこして得られる関数 $L[z^\rho]$ を計算すると

$$L[z^\rho] = z^\rho \sum_{k=0}^{n} b_k(z) \rho(\rho-1) \cdots (\rho - n + k + 1) \tag{13.10}$$

となる．ただし $b_0(z) = 1$ と約束する．$b_k(z)$ の $z=0$ におけるべき級数展開を

$$b_k(z) = \sum_{i=0}^{\infty} b_{ki} z^i, \quad 0 \le k \le n \tag{13.11}$$

とし

$$f_i(\rho) = \sum_{k=0}^{n} b_{ki} \rho(\rho-1) \cdots (\rho - n + k + 1), \quad i \ge 0 \tag{13.12}$$

$$f(\rho, z) = \sum_{i=0}^{\infty} f_i(\rho) z^i \tag{13.13}$$

とすると (13.10) は

$$L[z^\rho] = z^\rho f(\rho, z) \tag{13.14}$$

と表される．

方程式 (13.8) をみたす次の形の形式的級数解

$$w(z) = z^\rho \sum_{i=0}^{\infty} w_i z^i = \sum_{i=0}^{\infty} w_i z^{\rho+i}, \qquad w_0 \neq 0 \tag{13.15}$$

が存在するかどうか調べてみよう．ここで ρ は複素定数である．

$$\begin{aligned} Lw &= L[\sum_{i=0}^{\infty} w_i z^{\rho+i}] = \sum_{i=0}^{\infty} f(\rho+i, z) w_i z^{\rho+i} \\ &= \sum_{i=0}^{\infty} \left[\sum_{i'+i''=i} f_{i''}(\rho+i') w_{i'} \right] z^{\rho+i} \end{aligned} \tag{13.16}$$

であるので，$Lw = 0$ であるための必要十分条件は

$$\begin{aligned} &f_0(\rho) w_0 = 0 \\ &f_0(\rho+1) w_1 + f_1(\rho) w_0 = 0 \\ &\vdots \\ &f_0(\rho+i) w_i + f_1(\rho+i-1) w_{i-1} + \cdots + f_i(\rho) w_0 = 0 \\ &\vdots \end{aligned} \tag{13.17}$$

である．したがって ρ が n 次代数方程式

$$f_0(\rho) \equiv \sum_{k=0}^{n} b_k(0) \rho(\rho-1) \cdots (\rho-n+k+1) = 0 \tag{13.18}$$

の根であり，さらに $\rho+1, \rho+2, \ldots$ が根でなければ，たとえば $w_0 = 1$ とすると (13.17) により $w_1, w_2, \ldots$ が順次一意的に決まるので，形式的級数解 (13.15)

が存在することがわかる．この級数の収束性は後で示す．(13.18) を (13.1) の第1種特異点 $z=0$ における**決定方程式**といい，その根を**特性べき数**という．

以上より，特性べき数 $\rho_0, \rho_1, \ldots, \rho_{n-1}$ のどの2つも整数差でなければ，(13.8) は

$$z^{\rho_j}\sum_{i=0}^{\infty} w_i(\rho_j)z^i, \qquad w_0(\rho_j)=1,\ \ 0 \le j \le n-1 \tag{13.19}$$

という形の n 個の形式解をもつことがわかる．

次に特性べき数の中に重根や差が整数となるものがある場合を考えよう．定理9.2を得るときに説明したように，このようなある種の退化した場合はパラメータ（この場合は特性べき数）についての微分をとればよい．このことを以下きちんと述べよう．考えを定めるため，特性べき数の中で互いの差が整数であるものを実部の小さいものから順に並べ $\rho_0, \rho_1, \ldots, \rho_{l-1}$ とし，ρ_k の重複度を e_k とする．また $q_k = \rho_k - \rho_0$ $(0 \le k \le l-1)$ とおくと $0 = q_0 < q_1 < \cdots < q_{l-1}$．$w_0 = w_0(\rho)$ を後から決める ρ の関数とし，$w_1(\rho), w_2(\rho), \ldots$ は (13.17) の第2式以下をみたすものとする．このとき $i \ge 1$ に対して

$$w_i(\rho) = \frac{v_i(\rho)w_0(\rho)}{f_0(\rho+1)f_0(\rho+2)\cdots f_0(\rho+i)} \tag{13.20}$$

である．ただし $v_i(\rho)$ は ρ のある多項式である．したがって

$$w_0(\rho) = f_0(\rho+1)f_0(\rho+2)\cdots f_0(\rho+q_{l-1}) \tag{13.21}$$

と定めると，$w_i(\rho), i \ge 0$ は，$\rho_k, 0 \le k \le l-1$ を内点にもち，他の特性べき数およびそれに正整数を加えた点を含まない有界閉領域 K（このような K がとれることに注意せよ）において正則である．この後すぐに，$\sum_{i=0}^{\infty} w_i(\rho)z^i$ が $(\rho, z) \in K \times \overline{B(0,r)}$ に関して一様に絶対収束することを示すが，そのことをあらかじめ認めると $\sum_{i=0}^{\infty} w_i(\rho)z^i$ は ρ について項別微分可能である．

さて，$w_i(\rho), i \ge 0$ の決め方から

$$L\left[z^{\rho}\sum_{i=0}^{\infty} w_i(\rho)z^i\right] = z^{\rho}f_0(\rho)f_0(\rho+1)\cdots f_0(\rho+q_{l-1}) \tag{13.22}$$

である．ところで，この右辺の $f_0(\rho)f_0(\rho+1)\cdots f_0(\rho+q_{l-1})$ は，各 $\rho=\rho_k, 0\le k\le l-1$ にちょうど $m_k:=e_k+e_{k+1}+\ldots+e_{l-1}$ 位の零点をもつことがわかる．したがって L と $\partial/\partial\rho$ とが交換可能であることにも注意すると，$h\le m_k-1$ のとき

$$
\begin{aligned}
w &= \left[\frac{\partial^h}{\partial\rho^h} z^\rho \sum_{i=0}^{\infty} w_i(\rho)z^i\right]_{\rho=\rho_k} \\
&= z^{\rho_k}\sum_{i=0}^{\infty} z^i \left[\sum_{j=0}^{h}\binom{h}{j} w_i^{(j)}(\rho_k)(\log z)^{h-j}\right]
\end{aligned} \tag{13.23}
$$

は (13.8) の解であることがわかる．ここで $'=\partial/\partial\rho$. (13.21) より $w_0(\rho)$ は $\rho=\rho_k$ に m_{k+1} 位の零点をもつので，$h<m_{k+1}$ ならば (13.23) の右辺で z^{ρ_k} を除いた z のべき級数の部分の z^0 の係数は 0 となり，(13.23) は特性べき数 $\rho_{k+1},\ldots,\rho_{l-1}$ のどれかに対応する解となる．したがって $h=m_{k+1}, m_{k+1}+1,\ldots,m_k-1$ に対して (13.23) で与えられる解が，特性べき数 ρ_k に対応する $e_k=m_k-m_{k+1}$ 個の解である．このようにして (13.8) の線形独立な n 個の形式解が得られる．

最後に $\sum_{i=0}^{\infty} w_i(\rho)z^i$ が $\rho\in K$, $z\in\overline{B(0;r)}$ について一様に絶対収束することを示そう．ここで K は，上の段落において定めたその上で $w_i(\rho), i\ge 0$ が正則であるような ρ 平面内の有界閉領域で，r はこれから決める正定数である．まず (13.17) より

$$
|w_i(\rho)| \le \frac{1}{|f_0(\rho+i)|}\sum_{j=0}^{i-1}|f_{i-j}(\rho+j)||w_j(\rho)|. \tag{13.24}
$$

$f_0(\rho)$ は ρ の n 次多項式であるので，ある正定数 C' と十分に大きい自然数 i_0 が存在して

$$
|f_0(\rho+i)| \ge C' i^n, \qquad \rho\in K,\ i\ge i_0 \tag{13.25}
$$

が成り立つ．次に $b_k(z), 0\le k\le n$ は $z=0$ の近傍で正則であるので，コーシーの不等式より（たとえば本講座 7『関数論』の定理 9.2），ある正定数 B と r' が存在して，(13.11) で定義した b_{ki} は次の不等式

$$
|b_{ki}| \le B r'^{-i}, \qquad 0\le k\le n,\ i\ge 0. \tag{13.26}
$$

をみたす．よって (13.12)，(13.26) より，ある正定数 C'' が存在して

$$|f_i(\rho)| \leq C'' r'^{-i}(|\rho|^n + 1), \qquad \rho \in \boldsymbol{C},\ i \geq 0 \tag{13.27}$$

が成り立つ．したがって $i \geq i_0$, $\rho \in K$ に対して

$$|w_i(\rho)| \leq \frac{1}{C' i^n} \sum_{j=0}^{i-1} C'' r'^{-i+j}(|\rho + j|^n + 1)|w_j(\rho)|.$$

ところで，$i_0 \geq 1$ を $\rho \in K$ に対して $|\rho/i_0| \leq 1$ が成り立つようにさらに大きくとっておけば，$i \geq i_0, 0 \leq j \leq i, \rho \in K$ に対して $(|\rho + j|^n + 1)/i^n \leq (|\rho/i_0| + 1)^n + 1/i_0^n \leq 2^n + 1$ であるので，正定数 C を $C = (2^n + 1)C''/C'$ とすると

$$r'^i |w_i(\rho)| \leq C \sum_{j=0}^{i-1} r'^j |w_j(\rho)|, \quad \rho \in K,\ i \geq i_0. \tag{13.28}$$

よって，K において連続な関数 $f(\rho)$ に対して

$$\|f\| = \max_{\rho \in K} |f(\rho)| \tag{13.29}$$

と定義すると

$$r'^i \|w_i\| \leq C \sum_{j=0}^{i-1} r'^j \|w_j\|, \qquad i \geq i_0 \tag{13.30}$$

が得られた．この不等式を用いて，$\sum w_i(\rho) z^i$ の一様絶対収束性を次のように優級数の方法で証明する．

未知関数 $W = W(z)$ に関する1次方程式

$$W = \frac{Cz}{1 - z} W + \|w_0\| + \sum_{i=1}^{i_0 - 1} \left[r'^i \|w_i\| - C \sum_{j=0}^{i-1} r'^j \|w_j\| \right] z^i \tag{13.31}$$

は $z = 0$ で正則な解 $W = W(z)$ をもつ．このべき級数展開を

$$W(z) = \sum_{i=0}^{\infty} W_i z^i \tag{13.32}$$

とすると $W_i \geq 0$ と

$$(13.33)\qquad \begin{aligned} W_i &= r'^i\|w_i\|, \qquad 0 \leq i < i_0 \\ W_i &= C\sum_{j=0}^{i-1} W_j, \qquad i \geq i_0 \end{aligned}$$

が確かめられる．したがって

$$(13.34)\qquad r'^i\|w_i\| \leq W_i, \qquad i \geq 0.$$

ところで (13.31) より

$$W(z) = \frac{1-z}{1-(C+1)z}\left\{\|w_0\| + \sum_{i=1}^{i_0-1}\left[r'^i\|w_i\| - C\sum_{j=0}^{i-1} r'^j\|w_j\|\right]z^i\right\}$$

であるので，$W(z)$ は $|z| < (C+1)^{-1}$ で正則である．よって r'' を $0 < r'' < (C+1)^{-1}$ なる任意の定数とすると，r'' に応じて決まる正定数 M が存在して

$$(13.35)\qquad W_i \leq Mr''^{-i}, \qquad i \geq 0$$

が成り立つ（コーシーの不等式）．これと (13.34) より

$$(13.36)\qquad \|w_i\| \leq M(r'r'')^{-i}, \qquad i \geq 0.$$

よって r を $0 < r < r'r''$ となるようにとれば，$\sum w_i(\rho)z^i$ は $\rho \in K$, $z \in \overline{B(0;r)}$ に関して一様に絶対収束することがわかる．

以上で，(13.1) の第 1 種特異点の近くで n 個の線形独立な解を構成する 1 つの方法（フロベニウスの方法）がわかったと思う．前節でガウスの超幾何微分方程式 (12.7) の各特異点（どれも第 1 種特異点である）において解を構成したとき，ある非整数条件を仮定していたが，その条件がみたされないときもこの方法によって局所解の構成ができる．特に特性べき数に重根があれば必ず対数関数を含む解が存在することに注意しよう．また解の形 (13.19) または (13.23) より定理 13.2 の逆である

定理 13.3. 線形微分方程式 (13.1) の第 1 種特異点は確定特異点である．

が得られた．したがって，定理13.2と併せると次の定理が示された．

定理 13.4. 単独高階線形微分方程式(13.1)の特異点が確定特異点であるための必要十分条件は第1種特異点であることである．

13.3. 連立1階方程式の第1種特異点

方程式(13.1)の第1種特異点において局所解を構成するもう1つの方法として，(13.1)を n 連立1階方程式に書き換えてするものがある．それを次に説明しよう．一般性を失うことなく $z=0$ が(13.1)の第1種特異点であるとする．このとき定義から $b_k(z)=z^k a_k(z), 1 \leq k \leq n$ は $z=0$ の近傍で正則である．(13.1)を連立1階微分方程式に直す方法はいくらでもあるが，われわれの当面している問題に対しては次のようにするのが好都合である．$w=w(z)$ を(13.1)の解とする．$\delta=\delta_z$ をオイラー作用素 zd/dz とし

$$v^0=w, \quad v^1=\delta w, \quad \dots, \quad v^{n-1}=\delta^{n-1}w \tag{13.37}$$

によって $v^k, 0 \leq k \leq n-1$ を定義すると，$\delta v^0=v^1, \delta v^1=v^2, \dots, \delta v^{n-2}=v^{n-1}$ は自明である．δv^{n-1} が $z=0$ の近傍で正則な関数を係数とする $v^0, v^1, \dots, v^{n-1}$ のある線形結合に等しいことを確かめよう．(13.1)の両辺に z^n を掛けると(13.8)が得られる．また n に関する帰納法で

$$z^k \frac{d^k}{dz^k}=\delta(\delta-1)\cdots(\delta-k+1) \tag{13.38}$$

が示されるので，(13.9)で定義された微分作用素 L は

$$L=\delta^n-c_1(z)\delta^{n-1}-\dots-c_{n-1}(z)\delta-c_n(z) \tag{13.39}$$

と表される．ここで $c_k(z), 1 \leq k \leq n$ は，整数を係数とする $1, b_1(z), \dots, b_n(z)$ の線形結合であるので $z=0$ で正則である．したがって $\delta v^{n-1}=c_n(z)v^0+c_{n-1}(z)v^1+\dots+c_1(z)v^{n-1}$ となり上が確かめられた．以上をまとめると，$z=0$ が(13.1)の第1種特異点ならば，(13.37)によって $v^0, \dots, v^{n-1}$ を定めると，$v={}^t(v^0, \dots, v^{n-1})$ は

$$z\frac{dv}{dz}=A(z)v \tag{13.40}$$

という形の線形微分方程式をみたす．ここで $A(z)$ は，(10.16) の右辺において $-a_k(t)\,(1 \leq k \leq n)$ を $c_k(z)$ で置き換えた n 次正方行列である．よってもちろん $A(z)$ の各成分は $z=0$ において正則である．このようなとき連立 1 階方程式 (13.40) は $z=0$ に**第 1 種特異点**をもつという．(13.40) の解 $v(z)$ の第 0 成分が (13.1) の解であることに注意しよう．

われわれの目的は，$z=0$ の近くで (13.40) の基本系行列を構成することである．その際 $A(z)$ が特別な形をしていることを用いないので，以下，$A(z)$ は $z=0$ で正則であるということだけを仮定する．z の形式的べき級数を係数とする線形変換で (13.40) を解ける方程式に変換することをまず考え，次にこの形式的べき級数が収束することを証明するという方針をとる．(13.40) の右辺の行列 $A(z)$ の $z=0$ におけるべき級数展開を

$$A(z) = \sum_{i=0}^{\infty} A_i z^i \tag{13.41}$$

とする．ただし各 A_i は定数行列である．

線形変換

$$v = P(z)u \tag{13.42}$$

により (13.40) が

$$z\frac{du}{dz} = B(z)u \tag{13.43}$$

に変換されたとすると，行列関数 $P=P(z)$ は次の線形微分方程式

$$z\frac{dP}{dz} = A(z)P - PB(z). \tag{13.44}$$

をみたすことがわかる．問題は，(13.43) が解けるように $B(z)$ を選ぶこと，(13.44) をみたす形式的べき級数

$$P(z) = \sum_{i=0}^{\infty} P_i z^i \tag{13.45}$$

を求めること，このべき級数の収束性を示すことである．前半を形式的部分，後半を解析的部分という．

形式的部分を考察しよう．まず $B(z)$ として $A_0 = A(0)$ をとれるのはどんな場合かを考えてみる．(13.45) を (13.44) に代入し，両辺の各 z^i の係数が等しいとおくと

$$
\begin{aligned}
A_0P_0 - P_0A_0 &= 0,\\
A_0P_1 - P_1A_0 - P_1 &= -A_1P_0,\\
&\vdots\\
A_0P_i - P_iA_0 - iP_1 &= -A_iP_0 - A_{i-1}P_1 - \ldots - A_1P_{i-1},\\
&\vdots
\end{aligned}
\tag{13.46}
$$

を得る．この最初の式は $P_0 = I$ ととることによってみたされる．次の式以下を順次解くために，一般に n 次正方行列 P に関する方程式

$$AP - PA - iP = B \tag{13.47}$$

を考えよう．ここで A, B は与えられた n 次正方定数行列で i は正整数とする．行列 A を上 3 角型ジョルダン標準形 A' にする線形変換を $T \in GL(n, \boldsymbol{C})$ とし ($A' = T^{-1}AT$)，$B' = T^{-1}BT$, $P' = T^{-1}PT$ とおくと，(13.47) は $A'P' - P'A' - iP' = B'$ となる．この第 (j,k) 成分を書き出すと

$$(\alpha_j - \alpha_k - i)p^j_k + d_jp^{j+1}_k - d_{k-1}p^j_{k-1} = b^j_k \tag{13.48}$$

である．ここで P', B' の (j,k) 成分を p^j_k, b^j_k とし，A' の (j,j) 成分，$(j,j{+}1)$ 成分を α_j, d_j とした (d_j は 1 または 0)．したがって，すべての $j, k = 0, \ldots, n{-}1$ に対して $\alpha_j - \alpha_k - i \neq 0$ であれば (13.48) をみたす $P = (p^j_k)$ がただ 1 つ存在することがわかる (p^j_k は (j,k) について $(n-1,0), (n-2,0), (n-1,1), \ldots$ の順に左下から右上に決めていく)．このことから，A_0 の固有値の差が正または負の整数に等しくないという非整数条件があれば，(13.46) をみたす $P_0 = I, P_1, P_2, \ldots$ がただ 1 通りに定まることがわかる．

次に，非整数条件がみたされるとは限らない一般の場合を調べることにしよう．この場合には求積可能な帰着方程式 (13.43) があらかじめわかっているわけではないので，変換 (13.42) と帰着方程式 (13.43) を同時にみつけなければ

ならない．これを実行する方法として変換 (13.42) を簡単な変換の合成に分解し，それぞれの変換がどのような効果をもつかくわしく調べる方法がある．複雑なものを簡単なものに分解するという方法は数学の多くの分野でよく用いられるものであるが，(非線形の場合もこめ) 微分方程式の特異点の研究に一貫して用いて成功したのは，著者の知るかぎり，福原満洲雄先生が最初であると思う．以下で説明するのは福原の方法の簡単な応用例でもある．変換を行うたびに方程式は変わるのであるが，記号を増やさないために変換の各段階で変換前の方程式を (13.40) で表し，変換後の方程式を (13.43) で表すことにする．変換後の方程式 (13.43) の係数行列 $B(z)$ のべき級数展開を次のように表す．

$$B(z) = \sum_{i=0}^{\infty} B_i z^i. \tag{13.49}$$

まず変換 $v = P_0 u, (P_0 \in GL(n, \boldsymbol{C}))$ を (13.40) に対して行うと，変換後の方程式の係数行列は $B(z) = P_0^{-1} A(z) P_0 = \sum_{i \geq 0} P_0^{-1} A_i P_0 z^i$ となる．よって P_0 を $B_0 = P_0^{-1} A_0 P_0$ がジョルダン標準形となるように選ぶことにする．したがって以下 A_0 はジョルダン標準形をしているとする．すなわち A_0 は，対角成分 $\alpha_0, \ldots, \alpha_{n-1}$ と第 $(j, j+1)$ 成分 $d_j (j = 0, \ldots, n-2)$ 以外は 0 の定数行列とする．ここで d_j は 1 または 0 である．

次に (13.40) に対して変換 $v = (I + P_i z^i) u, (i \geq 1)$ を行ってみよう．このとき $P(z) = I + P_i z^i$ とおくと，$B(z) = P(z)^{-1} A(z) P(z) - P(z)^{-1} z dP(z)/dz$ で，さらに $P(z)^{-1} = I - P_i z^i + O(z^{2i})$ であるので

$$\begin{aligned} B_l &= A_l, \qquad l < i \\ B_i &= A_i + A_0 P_i - P_i A_0 - i P_i \end{aligned} \tag{13.50}$$

が得られる．すなわち上の変換によって i より小さい l に対しては A_l は不変で，A_i は (13.50) の 2 番目の式のように変化することがわかる．その様子は，行列 A_i, P_i, B_i の (j, k) 成分をそれぞれ a_k^j, p_k^j, b_k^j とすると

$$b_k^j = a_k^j + (\alpha_j - \alpha_k - i) p_k^j + d_j p_k^{j+1} - d_{k-1} p_{k-1}^j \tag{13.51}$$

で与えられる．先ほど (13.47) について調べたときのように，$\{p_k^j\}$ を行列 P_i の左下から右上に進む順に，くわしくいえば $(n-1, 0), (n-2, 0), (n-$

$1,1),\ldots,(0,n-2),(1,n-1),(0,n-1)$ の順に，可能なかぎり多くの b_k^j が 0 となるように決めていくことにする．この順序は，(13.51) によって p_k^j を決めるとき p_k^{j+1}, p_{k-1}^j はすでに決まっているとみなせるように定めたものである．したがって $\alpha_j-\alpha_k-i\neq 0$ なるすべての (j,k) に対しては $b_k^j=0$ となるように $P_i=(p_k^j)$ を選ぶことができる ($\alpha_j-\alpha_k-i=0$ なる (j,k) に対しては p_k^j はどのように決めてもよいのでたとえば 0 ととることにしておこう)．以上の変換を $i=1,2,\ldots$ と無限回くり返すと，各成分が z の単項式の行列関数 $B(z)=(b_k^j(z))$ を係数行列とする (13.43) の形の方程式が得られる．ここで，$b_k^j(z)$ は $\alpha_j-\alpha_k\notin \boldsymbol{Z}_{\geq 0}$ ならば 0，$\alpha_j-\alpha_k\in \boldsymbol{Z}_{\geq 0}$ ならば z の $\alpha_j-\alpha_k$ 次単項式 $b_k^j z^i\,(i=\alpha_j-\alpha_k)$ であり，また $B(0)$ は，最初の方程式を (13.40) としたとき，$A(0)$ のジョルダン標準形である．変換 $v=P_0u,\ v=(I+P_iz^i)u\ (i=1,2,\ldots)$ を無限回くり返すということは，次の無限積で定義される z の形式的べき級数を成分とする行列

$$P_0(I+P_1z)\cdots(I+P_iz^i)\cdots \tag{13.52}$$

を $P(z)$ とすると変換 $v=P(z)u$ をほどこすということである．無限積 (13.52) を z のべき級数に展開するとき各 z^i の係数は $P_0,\ldots,P_i$ から有限回の演算によって得られるので，(13.52) は形式的べき級数としての意味をもっていることに注意しておく．

このようにして得られた方程式 $zdu/dz=B(z)u$ がある対角行列による変換 $u=z^Lw$ によって $zdw/dz=Cw$ (C は定数行列) になることを示す．ここで L は非負整数を成分とする対角行列 $\mathrm{diag}(l_0,\ldots,l_{n-1})$ で，定義より $z^L=\mathrm{diag}(z^{l_0},\ldots,z^{l_{n-1}})$ である．$A(0)$ の固有値 $\alpha_0,\ldots,\alpha_{n-1}$ を差が整数という同値関係によって同値類に分類する．固有値 α_j に対して，それが属する同値類の中で実部が最小の固有値を $\alpha_{j(0)}$ と表すことにし

$$l_j=\alpha_j-\alpha_{j(0)},\qquad j=0,\ldots,n-1 \tag{13.53}$$

と定める．各 l_j は非負整数である．このとき $u=z^Lw$ により，$zdu/dz=B(z)u$ が $zdw/dz=C(z)w$ に変換されたとすると，$C(z)$ の第 (j,k) 成分 $c_k^j(z)$ は

$$c_k^j(z)=b_k^j(z)z^{-l_j+l_k}-\delta_{jk}l_j$$

である（ここで δ_{jk} はクロネッカーのデルタ）．関数 $b^j_k(z)$ が 0 でないのは $\alpha_j - \alpha_k$ が非負整数の場合のみで，このときこの関数は次数 $\alpha_j - \alpha_k$ の単項式である．また定義より $-l_j + l_k = -\alpha_j + \alpha_k$ であるので $c^j_k(z)$ は定数であることがわかる．以上をまとめると

定理 13.5. 行列関数 $A(z)$ が $z = 0$ で正則であるとする．このとき z の形式的べき級数を成分とする行列 $P(z)$ を構成することができて，線形変換 (13.42) により微分方程式 (13.40) は

$$z\frac{du}{dz} = Cu \qquad (C \text{ は定数行列}) \tag{13.54}$$

に変換される．特に $A(0)$ のどの 2 つの固有値の差も 0 以外の整数に等しくなければ，C として $A(0)$ をとることができる．

次にこの定理の形式的べき級数 $P(z)$ が収束することを示す．$P(z)$ は (13.44) において $B(z) = C$ とおいた微分方程式を形式的にみたす．それは $P, A(z), C$ の (j,k) 成分をそれぞれ $p^j_k, a^j_k(z), c^j_k$ とすると

$$z\frac{dp^j_k}{dz} = \sum_{l=0}^{n-1} a^j_l(z)p^l_k - \sum_{l=0}^{n-1} c^l_k p^j_l, \qquad j,k = 0,\dots,n-1$$

である．すなわち，n^2 個の成分 $\{p^j_k\}$ を適当な順序で並べた縦ベクトルを q とすると，q がみたす微分方程式は

$$z\frac{dq}{dz} = F(z)q \tag{13.55}$$

と表される．ここで $F(z)$ は n^2 次正方行列で各成分は $a^j_k(z), c^j_k$, $j,k = 0,\dots,n-1$ から決まる $z = 0$ で正則な関数である．したがって (13.55) が形式的べき級数解 $q(z) = \sum_{i\geq 0} q_i z^i$ をもつとき，それが必ず収束することを一般的に証明すればよい．その証明を与えよう．

行列関数 $F(z)$ のべき級数展開を $F(z) = \sum_{i\geq 0} F_i z^i$ とすると，$q_0, q_1, \dots$ は

$$(F_0 - i)q_i = -\sum_{j=0}^{i-1} F_{i-j}q_j, \qquad i = 0,1,\dots \tag{13.56}$$

をみたす．以下，行列やベクトルのノルム $\|\cdot\|$ は §8 で定義したものとしておく．まずある正整数 i_0 と正数 C' が存在して

$$\|(F_0 - i)^{-1}\| \leq C', \qquad i \geq i_0$$

が成り立つことがわかる．次に $\sum_{i\geq 0} F_i z^i$ の各成分が収束することから，コーシーの不等式を用いて

$$\|F_i\| \leq C'' r'^{-i}, \qquad i = 0, 1, \ldots$$

が成り立つような正数 C'', r' が存在することがいえる．よって (13.56) と §8 で与えたノルムに関する諸性質より，$C = C'C''$ とおくと，

$$r'^i \|q_i\| \ \leq C \sum_{j=0}^{i-1} r'^j \|q_j\|, \qquad i \geq i_0 \tag{13.57}$$

が得られる．この不等式は (13.30) と同じである．したがって $\sum_{i=0}^{\infty} \|q_i\| z^i$ の収束性が，すなわち $\sum_{i=0}^{\infty} q_i z^i$ の収束性がいえた．以上を定理として述べておこう．

定理 13.6. 定理 13.5 における z の形式的べき級数 $P(z)$ は $z = 0$ の近傍で収束する．

方程式 (13.40) において $A(z)$ の各成分が $z = 0$ の近傍で正則であるとき，その基本系行列を求める，という問題に戻ろう．これは実はもう解けている．方程式 (13.54) の基本系行列は $z^C (= \exp(C \log z))$ であるので，(13.40) の基本系行列として

$$P(z) z^C \tag{13.58}$$

がとれる．ここで $P(z), C$ は定理 13.5 で求めたものである．z^C は $t = \log z$ とおくと $\exp(Ct)$ であるので，§9 において調べたように各成分は z のべき関数と $\log z$ の多項式の積の線形結合である．重要なことは，定数行列 C と行列 $P(z)$ のべき級数展開の係数を求めるアルゴリズムがあることである．

方程式 (13.40) の基本系行列が (13.58) で与えられることより，単独高階線形微分方程式 (13.1) の第 1 種特異点が確定特異点であることもわかったことになる．すなわちこの節の結果は定理 13.3 の別証明にもなっている．

最後に，連立1階線形微分方程式

$$dv/dz = B(z)v \tag{13.59}$$

（v は複素 n 次元縦ベクトル，$B(z)$ は n 次正方行列）の特異点の分類について述べ，単独高階線形微分方程式 (13.1) との違いに注意しておこう．

定義 13.4. ベクトル値関数 $v(z) = {}^t(v^0(z), \ldots, v^{n-1}(z))$ が $B'_c = B(c; r) - \{c\}$ において多価正則であるとする．このとき $z = c$ が $v(z)$ の**確定特異点**であるとは，すべての $v^0(z), \ldots, v^{n-1}(z)$ が $z = c$ にたかだか確定特異点をもち少なくとも1つの $v^k(z)$ が $z = c$ に確定特異点をもつことである．$z = c$ が $v(z)$ の正則点でも確定特異点でもないとき**不確定特異点**であるという．

定義 13.5. $z = c$ が $B(z)$ の極であるとする．このとき $z = c$ が方程式 (13.59) の**確定特異点**であるとは，$z = c$ の近くの任意の解が $z = c$ にたかだか確定特異点をもつことであり，$z = c$ が (13.59) の**不確定特異点**であるとは $z = c$ に不確定特異点をもつ解が存在することである．

定義 13.6. $z = c$ が方程式 (13.59) の**第1種特異点**であるとは $z = c$ が $B(z)$ の1位の極ということであり，$z = c$ が (13.59) の**第2種特異点**であるとは $z = c$ が $B(z)$ の2位以上の極ということである．

この小節で示した結果より次の定理が得られる．

定理 13.7. 連立方程式 (13.59) の第1種特異点は確定特異点である．

単独高階方程式 (13.1) と異なり，連立1階方程式に対しては上の定理の逆は成り立たない．このことを次の例で確かめておこう．

例 13.4. 次章でくわしく調べるベッセルの微分方程式

$$z^2 d^2w/dz^2 + z dw/dz + (z^2 - \nu^2)w = 0$$

（ν は定数）の $z = 0$ は，第1種特異点であるので確定特異点である（定理 13.3）．これを $v^0 = w, v^1 = dw/dz, v = {}^t(v^0, v^1)$ により v についての連立方程式に書き換えると

$$\frac{dv}{dz} = \begin{pmatrix} 0 & 1 \\ -1 + \nu^2 z^{-2} & -z^{-1} \end{pmatrix} v$$

となる．$z=0$ はもちろんこの方程式の確定特異点であるが，$\nu \neq 0$ ならば $z=0$ は第2種特異点である．

注意 17.1. 連立微分方程式 (13.59) の第2種特異点が確定特異点であるための必要十分条件については，参考書 [8] の第5章をみよ．

§14. フックス型微分方程式

単独 n 階線形微分方程式で (13.1) と書かれるものを考える．これがリーマン球面 $\boldsymbol{P}=\boldsymbol{C}\cup\{\infty\}$ において定義されていて特異点がすべて確定特異点であるとき，(13.1) は（$\boldsymbol{P}$ 上の）**フックス型微分方程式**という．この節では，フックス型方程式についての一般論およびガウスの超幾何微分方程式と直接関係するリーマンの P 関数について考察する．大久保の微分方程式についても若干の説明をする．

14.1. フックス型微分方程式

方程式 (13.1) が $z=c$ に確定特異点をもつということは，定理 13.4 より，$b_k(z):=(z-c)^k a_k(z)$, $k=1,\ldots,n$ が $z=c$ において正則であることで，(13.1) の $z=c$ における決定方程式は

$$\sum_{k=0}^{n} b_k(c)\rho(\rho-1)\cdots(\rho-n+k+1)=0, \quad (b_0(z)=1)$$

であった．$z=\infty$ が (13.1) の確定特異点であるための条件とそこにおける決定方程式を具体的に与えよう．

変数変換 $z=1/\zeta$ を考え，オイラー作用素 $\delta_z=zd/dz$, $\delta_\zeta=\zeta d/d\zeta$ を導入する．このとき $\delta_z=-\delta_\zeta$ である．$b_k(z):=z^k a_k(z)$, $k=1,\ldots,n$, $L=L(z,\delta_z)=\sum_{k=0}^{n} b_k(z)\delta_z(\delta_z-1)\cdots(\delta_z-n+k+1)$, $(b_0(z)=1)$ とおくと，(13.38) より，(13.1) は $Lw=0$ と同値で，$z=0$ が確定特異点であるための条件は $b_1(z),\ldots,b_n(z)$ が $z=0$ で正則であること，$z=0$ における決定方程式は $L(0,\rho)\equiv\sum_{k=0}^{n} b_k(0)\rho(\rho-1)\cdots(\rho-n+k+1)=0$, $(b_0(z)=1)$ である．L はまた $L=\delta_z^n+\sum_{k=1}^{n} g_k(z)\delta_z^{n-k}$ と表されるが，$b_1(z),\ldots,b_n(z)$ が $z=0$ で正則であることと $g_1(z),\ldots,g_n(z)$ が $z=0$ で正則であることは同値である．

さて，いまは $z=0$ を考えたが $z=\infty$ を考えるときも $b_k(z)$, $k=1,\dots,n$ を上とまったく同じに定義して $\delta_z=-\delta_\zeta$ を用いると，L は，$b_0(z)=1$ として，

$$L=\sum_{k=0}^{n} b_k(1/\zeta)(-\delta_\zeta)(-\delta_\zeta-1)\cdots(-\delta_\zeta-n+k+1)$$
$$=\sum_{k=0}^{n}(-1)^{n-k}b_k(1/\zeta)\delta_\zeta(\delta_\zeta+1)\cdots(\delta_\zeta+n-k-1)$$

と表される．よって上でみたことから，$z=\infty$ が (13.1) の確定特異点であるための条件は，$b_k(1/\zeta)$, $k=1,\dots,n$ が $\zeta=0$ で正則，すなわち $b_k(z)$, $k=1,\dots,n$ が $z=\infty$ で正則ということであり，$z=\infty$ における決定方程式は

$$\sum_{k=0}^{n}(-1)^{n-k}b_k(\infty)\rho(\rho+1)\cdots(\rho+n-k-1)=0, \quad b_0(z)=1$$

である．

線形微分方程式 (13.1) が $\boldsymbol{P}$ 上のフックス型微分方程式であるとし，その特異点を $c_1,\dots,c_m,c_{m+1}=\infty$ としよう．無限遠点が特異点でない場合は，独立変数の 1 次変換で有限特異点の 1 つを無限遠点に移しておく．係数関数 $a_1(z),\dots,a_n(z)$ は $\boldsymbol{C}-\{c_1,\dots,c_m\}$ で正則で，$z=c_1,\dots,c_m,\infty$ においてもたかだか極をもつだけであるので z の有理関数である．

点 $z=c_j\,(j=1,\dots,m)$ が (13.1) の確定特異点であるので

$$b_{jk}(z):=(z-c_j)^k a_k(z), \qquad k=1,\dots,n \tag{14.1}$$

は $z=c_j$ において正則であり，$z=c_j$ における決定方程式は

$$\sum_{k=0}^{n} b_{jk}^0\rho(\rho-1)\cdots(\rho-n+k+1)=0 \tag{14.2}$$

である．ここで

$$b_{jk}^0=b_{jk}(c_j), \quad b_{j0}^0=1 \tag{14.3}$$

とおいた．また $z=\infty$ も確定特異点であるので

$$b_{m+1,k}(z):=z^k a_k(z), \qquad k=1,\dots,n \tag{14.4}$$

は $z=\infty$ で正則で，$z=\infty$ における決定方程式は

$$\sum_{k=0}^{n}(-1)^{n-k}b^0_{m+1,k}\rho(\rho+1)\cdots(\rho+n-k-1)=0 \tag{14.5}$$

である．ここで

$$b^0_{m+1,k}=b_{m+1,k}(\infty),\quad b^0_{m+1,0}=1. \tag{14.6}$$

関数 $s(z)$, $A_k(z)$, $k=1,\ldots,n$ を次で定義する．

$$\begin{aligned} s(z)&=(z-c_1)(z-c_2)\cdots(z-c_m),\\ A_k(z)&=s(z)^k a_k(z),\qquad k=1,\ldots,n. \end{aligned} \tag{14.7}$$

このとき次の定理が成り立つ．

定理 14.1. 線形微分方程式 (13.1) が $c_1,\ldots,c_m,c_{m+1}=\infty$ に確定特異点をもつフックス型微分方程式であるための必要十分条件は，(14.7) で定義した各 $A_k(z)$ $(k=1,\ldots,n)$ が z のたかだか $(m-1)k$ 次多項式であることである．

証明　必要条件であることを確かめよう．関数 $a_k(z)$ が $\boldsymbol{C}-\{c_1,\ldots,c_m\}$ で正則であるので，$A_k(z)$ もそうである．各 $z=c_j$ $(j=1,\ldots,m)$ において $b_{jk}(z)$ が正則であるので，$A_k(z)=b_{jk}(z)s(z)^k(z-c_j)^{-k}$ も同様である．よって $A_k(z)$ は $\boldsymbol{C}$ 全体で正則すなわち整関数である．さらに $b_{m+1,k}(z)=A_k(z)z^k s(z)^{-k}$ が $z=\infty$ において正則であるためには，$A_k(z)$ はたかだか $(m-1)k$ 次の多項式でなければならない．十分条件であることも容易に確かめられる．

注意 14.1. $m=-1,0$ の場合に相当するフックス型微分方程式は存在しない．

注意 14.2. $m=1$ の場合は $A_k(z)$ はすべて定数になる．よって独立変数の1次変換によりあらかじめ $c_1=0, c_2=\infty$ としておけば，方程式 (13.1) の係数 $a_k(z)$ $(k=1,\ldots,n)$ は

$$a_k(z)=a_k\,z^{-k}\qquad (a_k\in\boldsymbol{C})$$

となる．これはオイラーの微分方程式 (11.28) そのものである．このとき (13.1) の両辺に z^n を掛けた方程式を $Lw=0$ と書くと，(13.38) より L はオイラー作用素 $\delta=zd/dz$ の定数係数 n 次多項式である．これは，独立変数の変換 $z=e^t$ により変数 t に関する n 階の定数係数線形微分方程式に変換されるので解けてしまう．また $z=0$ における特性べき数を $\{\rho_1,\ldots,\rho_n\}$ とすると $z=\infty$ における特性べき数は

$\{-\rho_1, \ldots, -\rho_n\}$ である．このように $m=1$ の場合は特殊であるので，以下の考察では必要があれば $m \geq 2$ を仮定する．

次に各特異点 $z = c_j\ (j = 1, \ldots, m+1)$ における決定方程式の根，すなわち特性べき数 $\rho_{j1}, \ldots, \rho_{jn}$ と方程式を決める多項式 $A_1(z), \ldots, A_n(z)$ の間の関係を調べよう．

まず各特異点 $z = c_j\ (j = 1, \ldots, m+1)$ における特性べき数 $\rho_{j1}, \ldots, \rho_{jn}$ を与えることと $b^0_{j1}, \ldots, b^0_{jn}$ を与えることとは同値であることがわかる．次に (14.1)，(14.3)，(14.7) より

$$b^0_{jk} = A_k(c_j)/s'(c_j)^k, \quad j = 1, \ldots, m,\ k = 1, \ldots, n \tag{14.8}$$

が得られる．ここで $s'(z)$ は，$ds(z)/dz$ を表し，$s'(c_j) \neq 0$ である．また (14.4)，(14.6)，(14.7) より

$$b^0_{m+1,k} = \mathrm{lc}(A_k), \qquad k = 1, \ldots, n \tag{14.9}$$

が得られる．ここで $\mathrm{lc}(A_k)$ は，多項式 $A_k(z)$ の最高次の係数すなわち $z^{(m-1)k}$ の係数を表す．

さて，各多項式 $A_k(z)\ (k = 1, \ldots, n)$ に対し，それが含む係数の個数は $(m-1)k+1$，それを規定する条件の個数は (14.8) と (14.9) より $m+1$ である．よって $m \geq 2$ ならば，$A_1(z)$ に対してのみ係数の個数より条件の個数の方が多く，その差は 1 である（$m=1$ の場合はすべての $A_k(z)$ に対して係数の個数より条件の個数の方が多い）．したがって特性べき数の間には関係式があるはずである．それを求めよう．

有限特異点 $z = c_j$ における決定方程式 (14.2) の根と係数の関係から

$$\sum_{l=1}^{n} \rho_{jl} = -b^0_{j1} + \frac{(n-1)n}{2}, \quad j = 1, \ldots, m, \tag{14.10}$$

無限遠点における決定方程式 (14.5) の根と係数の関係から

$$\sum_{l=1}^{n} \rho_{m+1,l} = b^0_{m+1,1} - \frac{(n-1)n}{2} \tag{14.11}$$

が得られる．他方，$A_1(z)/s(z)$ を部分分数展開すると

$$\frac{A_1(z)}{s(z)} = \sum_{j=1}^{m} \frac{A_1(c_j)}{s'(c_j)} \frac{1}{z - c_j}.$$

この両辺に z を掛けて $z \to \infty$ とし，(14.8) と (14.9) を用いると

$$b^0_{m+1,1} = \sum_{j=1}^{m} b^0_{j1} \tag{14.12}$$

を得る．よって (14.10)，(14.11)，(14.12) より

$$\sum_{j=1}^{m+1} \sum_{l=1}^{n} \rho_{jl} = \frac{(m-1)n(n-1)}{2} \tag{14.13}$$

が成り立つ．これを**フックスの関係式**という．

フックスの関係式をみたす特性べき数を与えたとき，多項式 $A_1(z)$ は矛盾なくただ 1 つ定まる．その他の $A_k(z)\,(k = 2, \ldots, n)$ は，係数の個数が $(m-1)k+1$ で独立な条件の個数が $m+1$ である．よって自由に選べる定数の個数は

$$\sum_{k=2}^{n} [(m-1)k - m] = \frac{(n-1)(mn-n-2)}{2}$$

である．$c_{m+1} \neq \infty$ のときは独立変数の（分数）1 次変換でいったん $c_{m+1} = \infty$ にして上記の計算をし，その後で元に戻すことにする．以上の結果は次のようにまとめられる．

定理 14.2.（フックスの関係式） リーマン球面 $\boldsymbol{P}$ 上に (m+1) 個の確定特異点をもつ n 階フックス型微分方程式の特異点における特性べき数のすべての和は，$(m-1)n(n-1)/2$ に等しい．ただし $n, m \geq 1$.

定理 14.3.（フックス型微分方程式の存在） フックスの関係式をみたすように任意に与えられた複素数 ρ_{jl}, $j = 1, \ldots, m+1$, $l = 1, \ldots, n$ とリーマン球面上の点 $c_1, \ldots, c_m, c_{m+1}$ に対して，$c_1, \ldots, c_{m+1}$ にのみ確定特異点をもち，各 $c_j\,(j = 1, \ldots, m+1)$ における特性べき数が $\rho_{j1}, \ldots, \rho_{jn}$ に一致する n 階のフックス型微分方程式が存在する．その方程式は $(n-1)(mn-n-2)/2$ 個の任意定数を含む．ただし $n \geq 1$, $m \geq 2$.

定理 14.3 の任意定数を**アクセサリー・パラメータ**という．その個数が 0 となるのは，すなわち特異点における特性べき数から方程式がただ 1 つ定まるのは，(i) $n=1$ と (ii) $n=m=2$ の場合である．$n=1$ の場合は (13.1) が 1 階線形微分方程式 $dw/dz + a_1(z)w = 0$ となる場合で，このときは解が $w(z) = \exp(-\int^z a_1(\zeta)\,d\zeta)$ と求められる．したがって興味があるのは $n=m=2$ の場合である．次の小節でこの場合を扱うが，それは本質的にはガウスの超幾何微分方程式である．

注意 14.3. 特異点における特性べき数から方程式が決まるのは一般的には上の (i) または (ii) の場合であるが，特性べき数の差が整数であってしかも対数項が現われないというような条件のもとでも，方程式が一意的に定まることはある（大久保の微分方程式の小節参照）．

14.2. リーマンの P 関数

リーマン球面 $\boldsymbol{P} = \boldsymbol{C} \cup \{\infty\}$ 上の 3 点に特異点をもつフックス型 2 階線形微分方程式は，フックスの関係式をみたす特性べき数から完全に決まる（定理 14.3）．特異点が $c_j, j=1,2,3$ で，各特異点における特性べき数がフックスの関係式

$$\sum_{j=1}^{3}(\sigma_j + \tau_j) = 1 \tag{14.14}$$

をみたす σ_j, τ_j であるフックス型 2 階線形微分方程式は，どの特異点も無限遠点と一致しなければ

$$\begin{aligned}\frac{d^2w}{dz^2} &+ \left[\sum_{j=1}^{3}\frac{1-\sigma_j-\tau_j}{z-c_j}\right]\frac{dw}{dz}\\ &+ \left[\sum_{j=1}^{3}\frac{\sigma_j\tau_j(c_j-c_{j+1})(c_j-c_{j+2})}{(z-c_1)(z-c_2)(z-c_3)(z-c_j)}\right]w = 0\end{aligned} \tag{14.15}$$

と表される．ここで c_{j+1}, c_{j+2} などは $mod\,3$ で考える，すなわち c_4 は c_1，c_5 は c_2 のことである．特異点のどれかが無限遠点であるときは，(14.15) において自然に極限をとったものであることが確かめられる．たとえば $c_3 = \infty$

のときは

$$\begin{aligned}\frac{d^2w}{dz^2} &+ \left[\sum_{j=1}^{2}\frac{1-\sigma_j-\tau_j}{z-c_j}\right]\frac{dw}{dz} \\ &+ \frac{1}{(z-c_1)(z-c_2)}\left[\sum_{j=1}^{2}\frac{\sigma_j\tau_j(c_j-c_{j+1})}{z-c_j}+\sigma_3\tau_3\right]w = 0\end{aligned} \tag{14.16}$$

である．ここでは c_{j+1} は $mod\,2$ で考える，すなわち c_3 は c_1 のことである．方程式 (14.15) あるいは (14.16) を**リーマンの微分方程式**という．

リーマンの方程式 (14.15) あるいは (14.16) の解全体を

$$P\left\{\begin{matrix} c_1 & c_2 & c_3 & \\ \sigma_1 & \sigma_2 & \sigma_3 & z \\ \tau_1 & \tau_2 & \tau_3 & \end{matrix}\right\} \tag{14.17}$$

と表し，**リーマンの P 関数**と呼ぶ習慣である．この記号を用いるとガウスの超幾何微分方程式 (12.7) の解全体は

$$P\left\{\begin{matrix} 0 & 1 & \infty & \\ 0 & 0 & \alpha & z \\ 1-\gamma & \gamma-\alpha-\beta & \beta & \end{matrix}\right\} \tag{14.18}$$

と表される．

リーマンの P 関数についての基本的な公式を与えよう．まず独立変数の 1 次変換に対する公式を与える．リーマン球面 $\boldsymbol{P}$ からそれ自身への 1 次変換 $z \to z'$ により各特異点 c_j が c'_j に移るとすると

$$P\left\{\begin{matrix} c_1 & c_2 & c_3 & \\ \sigma_1 & \sigma_2 & \sigma_3 & z \\ \tau_1 & \tau_2 & \tau_3 & \end{matrix}\right\} = P\left\{\begin{matrix} c'_1 & c'_2 & c'_3 & \\ \sigma_1 & \sigma_2 & \sigma_3 & z' \\ \tau_1 & \tau_2 & \tau_3 & \end{matrix}\right\} \tag{14.19}$$

である．次に関数を掛けるという変換については任意の α, β に対して，

$c_j, j=1,2,3$ がどれも無限遠点でない場合は

$$\left(\frac{z-c_1}{z-c_3}\right)^{\alpha}\left(\frac{z-c_2}{z-c_3}\right)^{\beta} P\left\{\begin{matrix} c_1 & c_2 & c_3 & \\ \sigma_1 & \sigma_2 & \sigma_3 & z \\ \tau_1 & \tau_2 & \tau_3 & \end{matrix}\right\}$$
$$= P\left\{\begin{matrix} c_1 & c_2 & c_3 & \\ \sigma_1+\alpha & \sigma_2+\beta & \sigma_3-\alpha-\beta & z \\ \tau_1+\alpha & \tau_2+\beta & \tau_3-\alpha-\beta & \end{matrix}\right\}, \tag{14.20}$$

$c_3=\infty$ の場合は

$$(z-c_1)^{\alpha}(z-c_2)^{\beta} P\left\{\begin{matrix} c_1 & c_2 & \infty & \\ \sigma_1 & \sigma_2 & \sigma_3 & z \\ \tau_1 & \tau_2 & \tau_3 & \end{matrix}\right\}$$
$$= P\left\{\begin{matrix} c_1 & c_2 & \infty & \\ \sigma_1+\alpha & \sigma_2+\beta & \sigma_3-\alpha-\beta & z \\ \tau_1+\alpha & \tau_2+\beta & \tau_3-\alpha-\beta & \end{matrix}\right\} \tag{14.21}$$

が成り立つ．

任意の P 関数 (14.17) は c_1, c_2, c_3 をそれぞれ $0, 1, \infty$ に移す独立変数の 1 次変換をした後，$z^{-\sigma_1}(z-1)^{-\sigma_2}$ を掛ける変換をすると

$$z^{-\sigma_1}(z-1)^{-\sigma_2} P\left\{\begin{matrix} 0 & 1 & \infty & \\ \sigma_1 & \sigma_2 & \sigma_3 & z \\ \tau_1 & \tau_2 & \tau_3 & \end{matrix}\right\}$$
$$= P\left\{\begin{matrix} 0 & 1 & \infty & \\ 0 & 0 & \sigma_3+\sigma_1+\sigma_2 & z \\ \tau_1-\sigma_1 & \tau_2-\sigma_2 & \tau_3+\sigma_1+\sigma_2 & \end{matrix}\right\}$$

であるので，パラメータが $\alpha=\sigma_3+\sigma_1+\sigma_2$，$\beta=\tau_3+\sigma_1+\sigma_2$，$\gamma=1+\sigma_1-\tau_1$ のガウスの超幾何微分方程式 (12.7) に変換される．これは，リーマンの微分方程式 (14.15) あるいは (14.16) の研究はガウスの超幾何微分方程式のそれに帰着されることを示している．

リーマンの P 関数に関する上の性質を知っていると，§12 の計算の意味がはっきりする．たとえば関係式 (12.56) を導くとき天下りに変換 $w=(1-z)^{\gamma-\alpha-\beta}u$

を考えたが，このような変換もリーマンの P 関数の性質および P 関数とガウスの方程式の関係から自然に導かれるのである．

14.3.　大久保の微分方程式

ガウスの超幾何微分方程式 $z^{-1}Lw=0$（ここで微分作用素 L はオイラー作用素 $\delta=zd/dz$ を用いて (12.5) で定義されるもの）に対して

$$v^0=w,\qquad v^1=(\delta+\gamma-1)w \tag{14.22}$$

とおくと

$$\begin{aligned} z\frac{dv^0}{dz}=&(1-\gamma)v^0+v^1,\\ (z-1)\frac{dv^1}{dz}=&-(\alpha-\gamma+1)(\beta-\gamma+1)v^0+(\gamma-\alpha-\beta-1)v^1 \end{aligned} \tag{14.23}$$

が得られる．この方程式は $v={}^t(v^0,v^1)$，$C=\mathrm{diag}(0,1)$,

$$A=\begin{pmatrix} 1-\gamma & 1 \\ -(\alpha-\gamma+1)(\beta-\gamma+1) & \gamma-\alpha-\beta-1 \end{pmatrix},$$

とおき，I を 2 次の単位行列とすると

$$(zI-C)\frac{dv}{dz}=Av \tag{14.24}$$

と表される．方程式 (14.24) において A を一般の n 次定数行列，C を一般の n 次対角行列 $\mathrm{diag}(c_0,\ldots,c_{n-1})$，$I$ を n 次単位行列としたものを**大久保の微分方程式**あるいは**大久保の方程式**という．この方程式は大久保謙二郎氏により導入され研究されてきたものである（参考書 [6]）．

第 j 行が A の第 j 行と一致し，他の行はすべて 0 なる行列を A^j と表すと，(14.24) は

$$\frac{dv}{dz}=\left(\sum_{j=0}^{n-1}\frac{A^j}{z-c_j}\right)v \tag{14.25}$$

と書ける．また独立変数の変換 $z=1/\zeta$ をすると

$$\zeta\frac{dv}{dz}=(-I+C\zeta)^{-1}Av \tag{14.26}$$

である．したがって，定理 13.7 より方程式 (14.24) の特異点 $z = c_0, \ldots, c_{n-1}, \infty$ はすべて確定特異点であることがわかる．ここで $c_0, \ldots, c_{n-1}$ は相異なるとは仮定していないことに注意しておく．

一般に，連立微分方程式を考えると方程式に含まれる定数が多くなり，大域的な問題の扱いがむずかしくなるのであるが，大久保の方程式は定数の個数が少なく，アクセサリー・パラメータがないものの分類やその場合のモノドロミー群および接続係数の決定などに好都合であることがわかっている．これら大域的問題の研究において重要な役割を果たすものにこの方程式がもっている次の性質がある．すなわち，(14.24) の解の微分 $u(z) = dv(z)/dz$ は

$$(zI - C)\frac{du}{dz} = (A - I)u \tag{14.27}$$

をみたす．

最後に，$c_0, \ldots, c_{n-1}$ が相異なるとき，(14.24) はジョルダン・ポッホハンマーの微分方程式（参考書 [5] 参照）に同値であり，$c_0 = \ldots = c_{n-2} = 0, c_{n-1} = 1$ のときは，ガウスの超幾何級数の一般化である

$$\begin{aligned} &{}_nF_{n-1}(\alpha_1, \ldots, \alpha_n; \beta_1, \ldots, \beta_{n-1}; z) \\ &= \sum_{k=0}^{\infty} \frac{(\alpha_1)_k \cdots (\alpha_n)_k}{(\beta_1) \cdots (\beta_{n-1})_k (1)_k} z^k \end{aligned} \tag{14.28}$$

がみたす微分方程式

$$[\delta(\delta + \beta_{n-1} - 1) \cdots (\delta + \beta_{n-1} - 1) - z(\delta + \alpha_n) \cdots (\delta + \alpha_1)]w = 0 \tag{14.29}$$

$(\delta = zd/dz)$ に同値であることに注意しておく．両者ともアクセサリー・パラメータの個数が 0 の微分方程式である．

§15. リーマン・ヒルベルトの問題，パンルヴェの微分方程式

15.1. リーマン・ヒルベルトの問題

(13.1) の形をしたリーマン球 $\boldsymbol{P}$ 上のフックス型線形微分方程式に対して $GL(n, \boldsymbol{C})$ の有限生成部分群であるモノドロミー群が定まるが，逆に与えられた $GL(n, \boldsymbol{C})$ の有限生成部分群をモノドロミー群としてもつ (13.1) の形の $\boldsymbol{P}$

上のフックス型線形微分方程式が存在するかという問題を**リーマン・ヒルベルトの問題**という．本小節ではこの問題について証明抜きの簡単な説明をする．

フックス型微分方程式 (13.1) のモノドロミー群とは何か思い出しておこう．(13.1) の特異点を $c_1,\dots,c_m,c_{m+1}=\infty$ とし，$D=\boldsymbol{P}-\{c_1,\dots,c_m,c_{m+1}\}=\boldsymbol{C}-\{c_1,\dots,c_m\}$ とおく．D 内の点 a と a の近傍における解の基底 $w_0,\dots,w_{n-1}$ を任意に選ぶ．そして，a を基点とする D の基本群 $\pi_1(D,a)$ の元 $[L]$ に対して，行列 $M([L])\in GL(n,\boldsymbol{C})$ を (11.23) によって定める．ここで (11.23) の左辺は $(w_0,\dots,w_{n-1})$ を L に沿って解析接続した結果を表す．このとき M は $\pi_1(D,a)$ から $GL(n,\boldsymbol{C})$ への群の準同型写像で，$\pi_1(D,a)$ の M による像 G を (13.1) の $(w_0,\dots,w_{n-1})$ に関するモノドロミー群というのであった．また，準同型写像 M を $(w_0,\dots,w_{n-1})$ に関するモノドロミー表現という．解の基底として別のもの $(w_0',\dots,w_{n-1}')$ をとったときのモノドロミー群を G' とすると，G と G' は (11.25) の意味で共役である．

さて，図18のように a を端点とする D 内の閉曲線 $L_1,\dots,L_m$ を選べば，$\pi_1(D,a)$ は $[L_1],\dots,[L_m]$ で生成される（自由）群であるので，モノドロミー群 G は $M([L_1]),\dots,M([L_m])$ で生成される $GL(n,\boldsymbol{C})$ の部分群である．

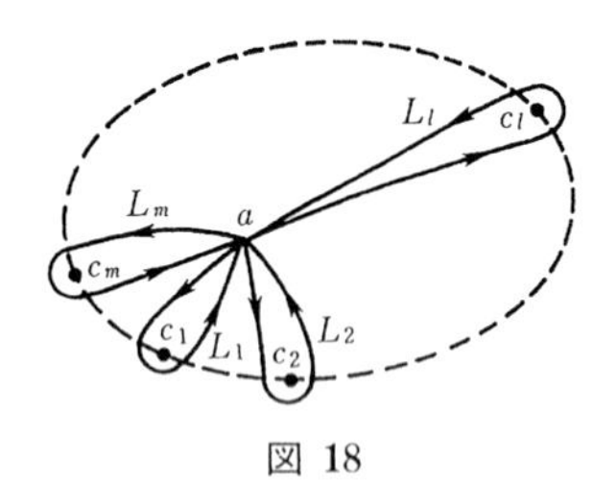

図 18

リーマン・ヒルベルト問題とは，任意に $M_1,\dots,M_m\in GL(n,\boldsymbol{C})$ を与えたとき，$c_1,\dots,c_m,c_{m+1}=\infty$ を特異点とするフックス型微分方程式 (13.1) で，$a\in D$ と a の近傍における解の基底 $w_0,\dots,w_{n-1}$ を適当にとると，$(w_0,\dots,w_{n-1})$ に関するモノドロミー表現を M としたとき，

$$M([L_l])=M_l,\qquad l=1,\dots,m$$

が成り立つものが存在するかという問題である．

この問題を考えるには，$c_1, \ldots, c_m, c_{m+1} = \infty$ に確定特異点をもつ n 階線形微分方程式に含まれる任意定数の個数 ν と，m 個の行列で生成される $GL(n, \boldsymbol{C})$ の部分群の（(11.25) の意味の）共役類を定めるのに必要な定数の個数 μ を知らなければならない．前者は定理 14.1 より

$$\nu = \sum_{k=1}^{n} [(m-1)k + 1] = \frac{n}{2}[m(n+1) - (n-1)] \tag{15.1}$$

である．後者は $M_1, \ldots, M_m$ を定めるのに mn^2 個の定数が必要であるが，共役類を考えるのであるから

$$\mu = mn^2 - n^2 + 1 \tag{15.2}$$

である．右辺で $+1$ が必要なのは，スカラー行列により共役な G と G' は一致するからである．

リーマン・ヒルベルトの問題が一般的に解けるためには $\nu \geq \mu$ である必要がある．しかし $n = 2, m = 2$ 以外の場合は $\nu < \mu$ である（$n = m = 2$ はリーマンの方程式の場合である）．そこで微分方程式に分岐点ではない確定特異点（これを**見かけの特異点**という）があってもよいことにする．$z = c'$ が見かけの特異点であるとは，$z = c'$ における特性べき数がすべて整数でしかも対数項が現われないということである．

見かけの特異点を 1 個つけ加えると，微分方程式の任意定数が 1 個増えることが確かめられる．実はその定数は見かけの特異点の位置である．したがって $n = 2, m = 2$ 以外の場合は，$\mu - \nu$ 個の見かけの特異点を許せばリーマン・ヒルベルトの問題が一般的に解けることが予想される．これが正しいことは大槻真氏によって証明された（参考論文 [O]）．それを定理として述べるために言葉の説明をしておこう．

$GL(n, \boldsymbol{C})$ が縦ベクトルの空間 $\boldsymbol{C}^n$ に左側から作用しているとする．$GL(n, \boldsymbol{C})$ の部分群 G が**既約**とは，G で不変な $\boldsymbol{C}^n$ の線形部分空間は $\{0\}$ と $\boldsymbol{C}^n$ 以外にないということである．すなわち $\boldsymbol{C}^n$ の線形部分空間 V に対し，$gV \subset V$ がすべての $g \in G$ について成り立てば，$V = \{0\}$ か $V = \boldsymbol{C}^n$ ということである．なお G が既約でないとき**可約**であるという．

定理 15.1.（リーマン・ヒルベルト問題の解の存在）　行列 $M_1, \ldots, M_m$ で生成される $GL(n, \boldsymbol{C})$ の部分群が既約でありかつ，$M_1, \ldots, M_m, M_1 \ldots M_m$ のどれかが対角行列に相似であれば，リーマン・ヒルベルトの問題はたかだか $\mu - \nu$ 個の見かけの特異点を許せば解ける．

注意 15.1.　大槻氏の論文は一般の閉リーマン面における結果を与えている．リーマン・ヒルベルトの問題をその歴史もこめてわかりやすくまとめた論説に参考論文 [S] がある．興味のある読者はぜひ読まれるとよい．第5章で扱う不確定特異点も考えに入れたリーマン・ヒルベルトの問題の一般化（リーマン・ヒルベルト・バーコフの問題という）もある．それについては第5章末の注意でふれる．なお，これらの問題を含む複素領域における線形微分方程式に関する高度な本として参考書 [8] および [9] をあげておく．

15.2.　モノドロミー保存変形とパンルヴェの微分方程式

リーマン・ヒルベルトの問題と関連するモノドロミー保存変形と，そこからきわめて重要なパンルヴェの微分方程式が出てくる事情を簡単に説明する．

前小節の結果より $n = 2, m = 3$ の場合のリーマン・ヒルベルトの問題を考えるとき，$\mu - \nu = 1$ であるので1個の見かけの特異点をつけ加えればよいことがわかる．真の特異点を $z = 0, 1, t, \infty$ とし，見かけの特異点を $z = q$ とする．各特異点における特性べき数を表示する次の図式

$$\left\{ \begin{matrix} z = 0 & z = 1 & z = t & z = q & z = \infty \\ 0 & 0 & 0 & 0 & \rho_\infty \\ \kappa_0 & \kappa_1 & \kappa_t & 2 & \rho_\infty + \kappa_\infty \end{matrix} \right\}. \tag{15.3}$$

で与えられるデータをもつ2階のフックス型微分方程式を考える．ただしフックスの関係式より

$$\kappa_0 + \kappa_1 + \kappa_t + 2\rho_\infty + \kappa_\infty = 1$$

をみたさなければならない．このようなデータをもつ方程式は

$$\frac{d^2 w}{dz^2} + a_1(z, t)\frac{dw}{dz} + a_2(z, t)w = 0 \tag{15.4}$$

と書くと

$$a_1(z, t) = \frac{1 - \kappa_0}{z} + \frac{1 - \kappa_1}{z - 1} + \frac{1 - \kappa_t}{z - t} - \frac{1}{z - q},$$

$$a_2(z,t) = \frac{\kappa}{z(z-1)} - \frac{t(t-1)H}{z(z-1)(z-t)} + \frac{q(q-1)p}{z(z-1)(z-q)}$$

であることがわかる．ここで

$$\kappa := (\kappa_0 + \kappa_1 + \kappa_t - 1)^2/4 - \kappa_\infty^2/4.$$

$z = q$ が見かけの特異点であるためには，特性べき数が 0 である解が対数項をもたないこと，すなわち §13 のフロベニウスの方法で $\sum_{i=0}^{\infty} w_i(z-q)^i$, $w_0 = 1$ という形の形式解を求めたとき，w_2 を決める方程式（この方程式の w_2 の係数は 0 である）が成り立たなければならない．式 (13.7) でいうと，$f_0(1)w_1 + f_1(0)w_0 = 0$ で決まる w_1 に対して

$$f_1(1)w_1 + f_2(0)w_0 = 0$$

が成り立たなければならない（ここで $w_0 = 1$ と正規化していることに注意）．この条件から上の H は t, q, p の関数として次のように定まる．

$$(15.5)\qquad \begin{aligned} H =& \frac{1}{t(t-1)}[q(q-1)(q-t)p^2 - \{\kappa_0(q-1)(q-t) \\ &+ \kappa_1 q(q-t) + (\kappa_t - 1)q(q-1)\}p + \kappa(q-t)]. \end{aligned}$$

このような状況のもとでリーマン・ヒルベルトの問題を考えるとすると，図式 (15.3) から各特異点 $z = 0, 1, t$ の周りを回る閉曲線に対応する行列（回路行列ともいう）の固有値の 1 つは 1 でなければならない．したがって，このような条件をみたす $M_0, M_1, M_t \in GL(2, \boldsymbol{C})$ を任意に与えたとき，これらが生成する $GL(2, \boldsymbol{C})$ の部分群が既約であれば，これに対するリーマン・ヒルベルトの問題が方程式 (15.4) の形で求められるであろう．すなわちモノドロミー群が与えられたデータに一致するような定数 $\kappa_0, \kappa_1, \kappa_t, \kappa_\infty, q, p$ が決まるであろう．

ここで M_0, M_1, M_t を固定したまま t を動かすことが可能かどうかを考えてみる．すなわち H が (15.5) で与えられるとしたとき，方程式 (15.4) のパラメータを t の関数として適当に選べば，(15.4) のある解の基底に関するモノドロミー群が t に依存しないようにできるかということを問題とする．各特異点における特性べき数は t とともに動くことができないので（なぜなら 1 と $\exp(2\pi i\kappa_\Delta)$ が M_Δ, $\Delta = 0, 1, t$ の固有値であるので），パラメータ q と p が

問題となる．このような方程式の変形を**モノドロミー保存変形**という．実は，ここでは省略する一般的な仮定のもとで，モノドロミー保存変形が可能で，モノドロミー保存変形であるための必要十分条件が q, p が t の関数として

$$\frac{dq}{dt} = \frac{\partial H}{\partial p}, \quad \frac{dp}{dt} = -\frac{\partial H}{\partial q} \tag{15.6}$$

をみたすことである．(15.6) から変数 p を消去すると，従属変数が q で独立変数が t の2階非線形微分方程式が得られる．それは第6番目の**パンルヴェの微分方程式**といわれる非常に重要な方程式である．この方程式は $t = 0, 1, \infty$ に特異点をもつ（これを**動かない特異点**という）．パンルヴェの微分方程式の最も著しい性質は，解が動かない特異点以外にもつ特異点（これを**動く特異点**という）は極ということである．分岐点でないことを強調して，“パンルヴェの微分方程式は動く分岐点をもたない”と習慣的にいう．残念ながら本書ではパンルヴェの微分方程式についてこれ以上の解説をする余裕がない．それについてあるいはモノドロミー保存変形（たとえば (15.6)）をどのように求めるかは，岡本和夫氏のセミナー・ノート（参考書 [10]）または参考書 [5] を見ていただきたい．

問　題　4

1. ガウスの超幾何微分方程式 $E(\alpha, \beta, \gamma)$ のオイラー積分表示 $\int X(z,x)\,dx$, $X(z,x) = x^{\alpha-1}(1-x)^{\gamma-\alpha-1}(1-zx)^{-\beta}$ において，積分変数の変換 $x = 1/y$ を行い，さらに y をまた x と書くことにすると，定数倍を除いて $\int Y(z,x)\,dx$, $Y(z,x) = x^{\beta-\gamma}(x-1)^{\gamma-\alpha-1}(x-z)^{-\beta}$ が得られることを確かめよ．積分路は $x = 0, 1, z.\infty$ の任意の2点を結ぶ直線をとる．この積分表示も**オイラー積分表示**といわれる．

2. 適当な非整数条件と収束条件のもとで $\int_0^1 Y(z,x)\,dx$, $\int_1^z Y(z,x)\,dx$ が $E(\alpha, \beta, \gamma)$ の線形独立な解であることを示し，さらにこの解の基底に関するモノドロミー群を計算してみよ．ここで $Y(z,x)$ は前問1で与えた関数．

3. (2重結びの道) 前問2における収束条件を落とすことを考えよう．z を1より大きい実数としておく．複素 x 平面の上半平面内に点 a を任意にとり固定する．a を始点かつ終点とし，点 $x = 0$ の周りを正の向きに一回転する $X = \boldsymbol{C} - \{0, 1, z\}$ 内の閉曲線 L_0 をとる．ただし L_0 は実軸とは点 $x = 0$ のごく近くで2回だけ交わ

るものとする．同様に L_1, L_z を定める．このとき，a を始点かつ終点とする閉曲線 $L_0 \cdot L_1 \cdot L_0^{-1} \cdot L_1^{-1}$ を 2 点 0, 1 に関する**2 重結びの道**といい，$(0+, 1+, 0-, 1-)$ と略記する（曲線の合成の定義は §11 を参照）．同様に $(1+, z+, 1-, z-)$ を定義する．2 重結びの道の始点と終点において多価関数 $Y(z,x)$ の値が一致する，すなわち始点と終点において $Y(z,x)$ の分枝は一致するということが大事である．

このとき，$\int_{(0+,1+,0-,1-)} Y(z,x)\,dx$，$\int_{(1+,z+,1-,z-)} Y(z,x)\,dx$ は収束条件がみたされなくても適当な非整数条件のもとで $E(\alpha,\beta,\gamma)$ の線形独立な解であることを示せ（ヒント：収束条件のもとで，たとえば $\int_{(0+,1+,0-,1-)} Y(z,x)\,dx$ は $\int_0^1 Y(z,x)\,dx$ のある定数倍であることに注意）．またこの解の基底に関するモノドロミー群を計算してみよ．

4. （ツイスト・サイクル）　$0 < \varepsilon \ll 1$ なる ε を固定し，複素 x 平面内の点 ε から $(1-\varepsilon)$ に向かう有向線分を $\overrightarrow{\varepsilon(1-\varepsilon)}$ と表す．また，$x=0$（または $x=1$）を中心とし，$x=\varepsilon$（または $x=1-\varepsilon$）を始点かつ終点とする半径が ε で正の向きの円周を $S_\varepsilon(0)$（または $S_\varepsilon(1)$）とする．$\overrightarrow{\varepsilon(1-\varepsilon)}$ の上で $Y(z,x)$ の分枝を任意に選んで固定する．それを $Y_b(z,x)$ と書こう．前問の 2 重結びの道 $(0+, 1+, 0-, 1-)$ の始点 a $(\mathrm{Im}\, a > 0)$ を点 ε に十分近くとり，そこにおける $Y(z,x)$ の分枝を $Y_b(z,x)$ から決まるものと選ぶ．

このとき関数 $Y(z,x)$ の多価性を考慮に入れた積分路の表し方（§12 のモノドロミー群の計算をするとき用いた表記法）を使うと，$(0+, 1+, 0-, 1-)$ は
$-(e(\gamma-\alpha)-1)S_\varepsilon(0) - (e(\gamma-\alpha)-1)(e(\beta-\gamma)-1)\overrightarrow{\varepsilon(1-\varepsilon)} + (e(\beta-\gamma)-1)S_\varepsilon(1)$
にホモトープである．このことを確かめよ．

この積分路を $-(e(\gamma-\alpha)-1)(e(\beta-\gamma)-1)$ で割ると

$$(e(\beta-\gamma)-1)^{-1}S_\varepsilon(0) + \overrightarrow{\varepsilon(1-\varepsilon)} - (e(\gamma-\alpha)-1)^{-1}S_\varepsilon(1)$$

が得られる．これは，喜多通武氏が多変数超幾何関数の研究のために導入した**ツイスト・サイクル**の 1 次元の例である．ここで $e(c) = \exp(2\pi i c)$.

5. (12.67) で与えられる H_3, B_3 がガウスの超幾何微分方程式 $E(\alpha,\beta,\gamma)$ の γ に関する昇降作用素であることを確かめよ．

6. ガウスの超幾何微分方程式 $E(\alpha,\beta,\gamma)$ の線形独立な解 $w_0(z), w_1(z)$ に対して，$v(z) := w_1(z)/w_0(z)$ のシュワルツ微分 $\{v; z\}$（問題 2 の 9 参照）を計算せよ（ヒント：一般の微分方程式 $d^2w/dz^2 + a_1(z)dw/dz + a_2(z)w = 0$ の解の比のシュワルツ微分を $a_1(z), a_2(z)$ で表す公式をまず作れ）．

7. リーマン球面 $\boldsymbol{P} = \boldsymbol{C} \cup \{\infty\}$ 上 4 点 c_1, c_2, c_3, ∞ に確定特異点をもつ 2 階のフックス型微分方程式で，$z = c_j$ $(j = 1,2,3)$ における特性べき数が $0, \kappa_j$ で，$z = \infty$

における特性べき数が $\eta_\infty, \eta_\infty + \kappa_\infty$ であるものは

$$\frac{d^2w}{dz^2} + \left[\sum_{j=1}^{3} \frac{1-\kappa_j}{z-c_j}\right] \frac{dw}{dz} + \frac{\kappa z + h}{(z-c_1)(z-c_2)(z-c_3)} w = 0$$

(ここで $\kappa = [(2-\kappa_1-\kappa_2-\kappa_3)^2 - \kappa_\infty^2]/4$) と表されること，さらに h は自由に選べる定数すなわちアクセサリー・パラメータであることを確かめよ．

8. リーマンの P 関数に関する公式 (14.20)，(14.21) を証明せよ．

9. ガウスの微分方程式 $E(\alpha, \beta, \gamma)$ が (14.22) により大久保の微分方程式 (14.23) と書けることを確かめよ．

10. $L = (d/dz)^n + a_1(z)(d/dz)^{n-1} + \ldots + a_n(z)$ とする．$a_1(z), \ldots, a_n(z)$ が z の有理関数で $Lw = 0$ が $\boldsymbol{P}$ 上のフックス型微分方程式であるとき，L を（$\boldsymbol{P}$ 上の）フックス型微分作用素ということにする．フックス型微分作用素 L に対して方程式 $Lw = 0$ のモノドロミー群が可約であれば，L はあるフックス型微分作用素 L_1, L_2 の積に分解されること，すなわち $L = L_2 L_1$ となることを証明せよ（ここで L_1, L_2 の階数を $n_1, n_2 (\geq 1)$ とするともちろん $n_1 + n_2 = n$ である．L_1, L_2 は L の特異点以外に見かけの特異点をもつかもしれない．モノドロミー群が可約という定義は定理 15.1 の直前に与えてある）．

第 5 章

不確定特異点をもつ線形微分方程式

この章では，不確定特異点をもつ線形微分方程式について解説する．不確定特異点の近くでも形式的級数解を得ることができるが，それは一般には収束しない．発散級数解を求めても意味がないと思われるかもしれないが，ポアンカレが発散する形式的級数解に漸近展開される真の解が存在することを証明して以来，形式的級数解が不確定特異点の近くの解のふるまいを知る大きな手がかりを与えることになった．一般に関数が収束する級数と発散する漸近級数と 2 通りに表現され，関数の近似値をそれぞれの級数の有限部分和で求めるとき，発散級数の方が能率的であることが多い．したがってこの意味でもポアンカレの定理は重要である．

不確定特異点に固有の現象としてストークス現象といわれるものがあり，ストークス係数といわれるものが定義される．ストークス係数はモノドロミー群と同様に線形微分方程式を特徴づける重要な不変量である．

本章ではこれらの事柄を述べるが，まずベッセルの微分方程式についてくわしく解説する（§16）．次に，§17 で上に述べたポアンカレの定理の一般化（ポアンカレ・福原の定理）を解説する．ページ数の関係で証明を付けることはできないが，正しく用いるための説明をくわしくする．最後に §18 でバーコフの定理を示し，ベッセルの微分方程式においてすでにみているストークス現象あるいはストークス係数が一般の場合どうなるか調べる．

§16. ベッセルの微分方程式

不確定特異点をもつ線形微分方程式の典型的な例としてベッセルの微分方程式がある．本節ではこれを素材にして，不確定特異点における漸近解の存在，不確定特異点におけるストークス現象およびストークス係数，確定特異点と不確定特異点の2点接続問題について説明する．

16.1. クンマーの合流型超幾何微分方程式，ベッセルの微分方程式

ガウスの超幾何微分方程式(12.7)において，独立変数の変換とパラメータの変換

$$z = \varepsilon\zeta, \quad \beta = 1/\varepsilon \tag{16.1}$$

を行い，ζ を再び z で表すと

$$z(1-\varepsilon z)\frac{d^2w}{dz^2} + [\gamma - (1+\alpha\varepsilon+\varepsilon)z]\frac{dw}{dz} - \alpha w = 0 \tag{16.2}$$

となる．この方程式は $z = 0, 1/\varepsilon, \infty$ に確定特異点をもつフックス型方程式である．ここで形式的に極限 $\varepsilon \to 0$ をとると

$$z\frac{d^2w}{dz^2} + (\gamma - z)\frac{dw}{dz} - \alpha w = 0 \tag{16.3}$$

が得られる．この方程式を**クンマーの合流型超幾何微分方程式**あるいは簡単に**クンマーの微分方程式**という．これは§2に登場した．合流型という形容詞が付いているのは，$\varepsilon \to 0$ のとき(16.2)の確定特異点 $1/\varepsilon$ と ∞ とが合流するからである．合流の結果(16.3)の特異点 $z = \infty$ は，もはや確定特異点ではなく不確定特異点となっている．なお(16.3)は確定特異点 $z = 0$ において特性べき数0に対応するべき級数解

$$F(\alpha, \gamma; z) = \sum_{k=0}^{\infty} \frac{(\alpha)_k}{(\gamma)_k(1)_k} z^k$$

をもつ．これは§2で登場したもので((2.30)参照)，**クンマーの合流型超幾何級数**といわれる収束半径が ∞ のべき級数である．ガウスからクンマーへの上の形式的極限に対応し，この級数もガウスの超幾何級数(12.1)において z を

εz で，β を $1/\varepsilon$ で置き換えたものの $\varepsilon \to 0$ のときの極限であることに注意しよう．

さらにパラメータの変換 $\alpha = \nu + 1/2$, $\gamma = 2\nu + 1$ と変数変換 $z = 2i\zeta$, $w = e^{-iz} z^{\nu} W$ を行い，その上で ζ を z で，W を w で表すと

$$z^2 \frac{d^2 w}{dz^2} + z \frac{dw}{dz} + (z^2 - \nu^2) w = 0 \tag{16.4}$$

を得る．これを**ベッセルの微分方程式**という．方程式 (16.3) から (16.4) を導く変換を簡単に

$$\alpha = \nu + \frac{1}{2},\ \gamma = 2\nu + 1,\ z \to 2iz,\ w \to e^{-iz} z^{\nu} w \tag{16.5}$$

と表すことにする．

方程式 (16.3) と (16.4) は変換 (16.5) により互いに移り合うものであるから，一方の結果は他方の結果に容易に翻訳される．われわれはベッセルの微分方程式 (16.4) について考察することにする．これは $z = 0$ と $z = \infty$ 以外には特異点をもたない方程式であることを注意しておこう．

16.2.　確定特異点 $z = 0$

方程式 (16.4) の $z = 0$ は確定特異点でその特性べき数は ν と $-\nu$ である．以下，簡単のため非整数条件

$$2\nu \notin \boldsymbol{Z} \tag{16.6}$$

を仮定する．前章の結果から，(16.4) は $z^{\nu} \sum_{m=0}^{\infty} w_m(\nu) z^m$ と $z^{-\nu} \sum_{m=0}^{\infty} w_m(-\nu) z^m$ $(w_0(\nu), w_0(-\nu) \neq 0)$ という形の線形独立な解をもつ．ここで $\sum w_m(\nu) z^m$ と $\sum w_m(-\nu) z^m$ は収束半径が ∞ の収束べき級数である．特に，初項の係数を $w_0(\nu) = 1/[2^{\nu}\Gamma(\nu+1)]$, $w_0(-\nu) = 1/[2^{-\nu}\Gamma(-\nu+1)]$ と選ぶと

$$\begin{aligned} J_{\nu}(z) &:= \left(\frac{z}{2}\right)^{\nu} \sum_{m=0}^{\infty} \frac{(-1)^m}{m!\Gamma(\nu+m+1)} \left(\frac{z}{2}\right)^{2m} \\ J_{-\nu}(z) &:= \left(\frac{z}{2}\right)^{-\nu} \sum_{m=0}^{\infty} \frac{(-1)^m}{m!\Gamma(-\nu+m+1)} \left(\frac{z}{2}\right)^{2m} \end{aligned} \tag{16.7}$$

が得られる．これら 2 つの解を $J_\nu, J_{-\nu}$ と表すのはベッセル関数論の習慣である．本節では，他の書物を参照するとき不都合がないように慣習的表記法があるものはそのまま用いる．

16.3. 解の積分表示式

方程式 (16.4) の解の積分表示式を求めよう．方程式 (16.4) がガウスの超幾何微分方程式 (12.7) から合流操作と変換 (16.5) により得られたことを用いて，形式的に積分表示式を導いてみよう．定理 12.3 と変換 (16.1) より方程式 (16.2) は

$$\int x^{\alpha-1}(1-x)^{\gamma-\alpha-1}(1-\varepsilon zx)^{-1/\varepsilon}\,dx \tag{16.8}$$

という形の解をもつ．ここでまた以下でも，積分路は適当にとるという意味で省略する．さて (16.8) において $\varepsilon \to 0$ としたとき被積分関数の極限はどう表されるだろうか．べき関数の定義と対数関数のべき級数展開式より

$$\begin{aligned}(1-\varepsilon zx)^{-1/\varepsilon} &= \exp[-\frac{1}{\varepsilon}\log(1-\varepsilon zx)] \\ &= \exp[-\frac{1}{\varepsilon}(-\varepsilon zx + O(\varepsilon^2))] = \exp[zx + O(\varepsilon)].\end{aligned}$$

これより $(1-\varepsilon zx)^{-1/\varepsilon} \to e^{zx}\,(\varepsilon \to 0)$ であるので，クンマーの合流型超幾何微分方程式 (16.3) は

$$\int x^{\alpha-1}(1-x)^{\gamma-\alpha-1}e^{zx}\,dx \tag{16.9}$$

という解をもつことが推測される．よって変換 (16.5) より，ベッセルの微分方程式 (16.4) は

$$\int e^{-iz}z^{\nu}[x(1-x)]^{\nu-1/2}e^{2izx}\,dx$$

と表される解をもつであろう．ここで積分変数の変換

$$2x-1=t$$

を行うと，定数倍を除いて

$$\int z^{\nu}e^{izt}(t^2-1)^{\nu-1/2}\,dt$$

となる．そこでこの積分の被積分関数を適当に定数倍した関数 $P(z,t), Q(z,t)$ を

$$
(16.10)\qquad
\begin{aligned}
P(z,t) &= \frac{\Gamma(1/2-\nu)}{\pi i\Gamma(1/2)}\left(\frac{z}{2}\right)^{\nu} e^{izt}(t^2-1)^{\nu-1/2},\\
Q(z,t) &= [1+e(-\nu)]P(z,t)
\end{aligned}
$$

と定め，次のような積分

$$
(16.11)\quad H_\nu^{(1)}(z) := \int_1^{1+\infty e^{ia}} Q(z,t)\,dt,\quad H_\nu^{(2)}(z) := \int_{-1+\infty e^{ia}}^{-1} Q(z,t)\,dt.
$$

を考える．ここで $e(c)$ は $e^{2\pi ic}$ を表す．関数 $H_\nu^{(1)}(z)$, $H_\nu^{(2)}(z)$ を正確に定めるためにはもう少しくわしい説明がいるが，これらが方程式 (16.4) の線形独立な解であることをあらかじめ注意しておこう．これらの関数は**ハンケル関数**といわれる．

ハンケル関数 (16.11) の定義を明確にしよう．まず $t=1,-1$ の近傍で積分が収束するための条件

$$
(16.12)\qquad \mathrm{Re}\,\nu > -\frac{1}{2}
$$

を仮定しておく．この条件は周辺積分というもの（章末の問題において説明する）を考えることにより落とすことができるが，以下の議論を簡単にするためおいておく．まず，$H_\nu^{(1)}$ を定義する積分路は $\arg(t-1)=a$ なる $t=1$ を始点とする半直線で，$H_\nu^{(2)}$ を定義する積分路は $\arg(t+1)=a$ なる $t=-1$ を終点とする半直線である（図 19）．前者を $\overrightarrow{1(1+\infty e^{ia})}$ と，後者を $\overrightarrow{(-1+\infty e^{ia})(-1)}$ と書くことにしよう．

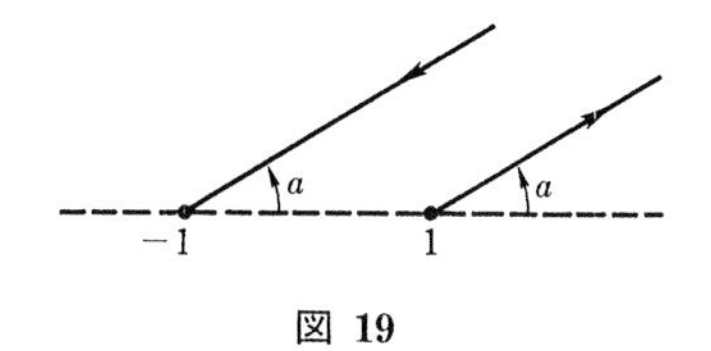

図 19

被積分関数 $Q(z,t)$ は多価関数であるが，その多価性は因子 $(z/2)^\nu$ と $(t^2-1)^{\nu-1/2}$ より生ずる．そこで $(t^2-1)^{\nu-1/2}$ の値を確定することから考えよう．

まず t 平面内の上半平面 $D_+ = \{t \in \boldsymbol{C} \mid \operatorname{Im} t > 0\}$ における $(t^2-1)^{\nu-1/2}$ の値を，D_+ の境界である実軸上の区間 $(1, +\infty)$ において $\arg(t-1) = \arg(t+1) = 0$ となるように定める．上半平面 D_+ から境界 $(1,+\infty), (-\infty,-1), (-1,1)$ を通って到達する下半平面をそれぞれ $D_-^{(1)}, D_-^{(2)}, D_-$ とし，$\boldsymbol{C} - \{1,-1\}$ 内の単連結領域 $D^{(1)}, D^{(2)}$ を

$$D^{(1)} = D_+ \cup (1, +\infty) \cup D_-^{(1)},$$
$$D^{(2)} = D_+ \cup (-\infty, -1) \cup D_-^{(2)}$$

で定める（図 20，21）．このとき各 $D^{(k)}$, $k = 1, 2$ において関数 $(t^2-1)^{\nu-1/2}$ の値が決まる．$(z/2)^\nu$ の値は $\arg z$ を定めれば決まる．

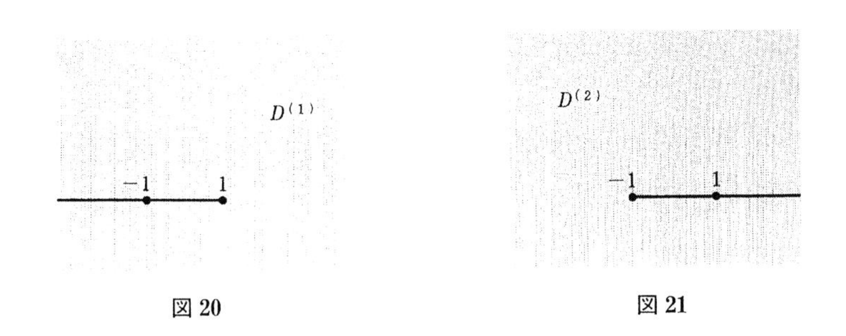

図 20　　図 21

以上の準備のもとで，関数 $H_\nu^{(1)}(z)$ を角領域

$$-\pi < \arg z < 2\pi, \quad 0 < |z| < \infty \tag{16.13}$$

において定めよう．積分路である半直線 $\overrightarrow{1(1+\infty e^{ia})}$ は領域 $D^{(1)}$ 内にあり，すなわち

$$-\pi < a < \pi \tag{16.14}$$

をみたし，かつ e^{izt} が指数関数的に減少する方向すなわち

$$0 < \arg z + a < \pi \tag{16.15}$$

をみたすようにとる．条件 (16.13) より (16.14) と (16.15) をみたす a がとれることが確かめられる．

次に，$H_\nu^{(2)}$ を角領域

$$-2\pi < \arg z < \pi, \quad 0 < |z| < \infty \tag{16.16}$$

において定める．積分路 $\overrightarrow{(-1+\infty e^{ia})(-1)}$ は $D^{(2)}$ 内にあり，すなわち

$$0 < a < 2\pi \tag{16.17}$$

をみたし，かつ (16.15) をみたすようにとる．条件 (16.16) より (16.15) と (16.17) をみたす a が存在することがわかる．

このように $H_\nu^{(1)}(z), H_\nu^{(2)}(z)$ をそれぞれ角領域 (16.13)，(16.16) において定めたとき，これらがそれぞれの領域において方程式 (16.4) の解になっていることが確かめられる．しかもそれらは $\boldsymbol{C}-\{0\}$ 内の任意の曲線に沿って解析接続可能である．

16.4. ハンケル関数の漸近展開

ハンケル関数が原点を通る半直線に沿って，あるいはある角領域の中で ∞ に近づいたときどのようにふるまうかということに関して，次の定理が成り立つことを示そう．先を急ぐ読者は定理の意味を正確に理解して証明はとばしても構わない．

定理 16.1. (漸近展開)　任意の $\delta > 0$ と任意の $p \in \boldsymbol{Z}_{>0}$ に対して

$$H_\nu^{(1)}(z) = \left(\frac{1}{\pi z}\right)^{\frac{1}{2}} e^{i(z-\frac{\pi\nu}{2}-\frac{\pi}{4})} \left[\sum_{m=0}^{p-1} \frac{(-1)^m(\nu,m)}{(2iz)^m} + O(z^{-p})\right] \tag{16.18}$$

が閉角領域

$$-\pi + \delta \le \arg z \le 2\pi - \delta, \quad r \le |z| < \infty \tag{16.19}$$

において成り立ち，

$$H_\nu^{(2)}(z) = \left(\frac{1}{\pi z}\right)^{\frac{1}{2}} e^{-i(z-\frac{\pi\nu}{2}-\frac{\pi}{4})} \left[\sum_{m=0}^{p-1} \frac{(\nu,m)}{(2iz)^m} + O(z^{-p})\right] \tag{16.20}$$

が閉角領域

$$-2\pi + \delta \le \arg z \le \pi - \delta, \quad r \le |z| < \infty \tag{16.21}$$

において成り立つ．ここで r は正定数，

$$(\nu, m) = (-1)^m \frac{(1/2-\nu)_m\,(1/2+\nu)_m}{m!}, \tag{16.22}$$

$(c)_m$ は (12.2) で定義した記号である．

注意 16.1. 式 (16.18)，(16.20) に現われる $1/z$ のべき級数 $\sum_{m=0}^{\infty}(-1)^m(\nu,m)/(2iz)^m$，$\sum_{m=0}^{\infty}(\nu,m)/(2iz)^m$ の収束半径は，$\lim_{m\to\infty}|(\nu,m)/(\nu,m+1)| = \lim_{m\to\infty}(m+1)/|(m+1/2-\nu)(m+1/2+\nu)| = 0$ であるので，0 である．すなわちこれらは発散級数である．

注意 16.2. 形式的級数

$$\left(\frac{1}{\pi z}\right)^{\frac{1}{2}} e^{i(z-\frac{\pi\nu}{2}-\frac{\pi}{4})}\sum_{m=0}^{\infty}\frac{(-1)^m(\nu,m)}{(2iz)^m},\ \left(\frac{1}{\pi z}\right)^{\frac{1}{2}} e^{-i(z-\frac{\pi\nu}{2}-\frac{\pi}{4})}\sum_{m=0}^{\infty}\frac{(\nu,m)}{(2iz)^m}$$

をそれぞれ $T^{(1)}(z)$, $T^{(2)}(z)$ とおくことにする．任意の $\delta > 0$ と任意の $p \in \boldsymbol{Z}_{>0}$ に対して (16.19) において (16.18) が成り立つとき，$H_\nu^{(1)}(z)$ は角領域：$-\pi < \arg z < 2\pi$ において $z \to \infty$ のとき $T^{(1)}(z)$ に**漸近展開される**といい

$$H_\nu^{(1)}(z) \sim T^{(1)}(z), \qquad (z \to \infty, -\pi < \arg z < 2\pi)$$

と表す．したがって定理はこの式と式

$$H_\nu^{(2)}(z) \sim T^{(2)}(z), \qquad (z \to \infty, -2\pi < \arg z < \pi)$$

を主張していることになる．上の形式的級数がベッセルの微分方程式 (16.4) を形式的にみたす形式解であることに注意しておく．

定理の証明に次の補題を用いる．

補題 16.1. 関数 $f : [0, a] \to \boldsymbol{C}$ が p 回連続微分可能ならば次の等式

$$f(a) = f(0) + \sum_{m=0}^{p-1}\frac{a^m f^{(m)}(0)}{m!} + \int_0^1 \frac{a^p(1-s)^{p-1}}{(p-1)!}f^{(p)}(as)\,ds.$$

が成り立つ．

定理 16.1 の証明の概略 関数 $H_\nu^{(1)}$ の漸近展開についてだけ証明する．式 (16.11) のはじめの積分において積分変数の変換

$$t - 1 = e^{\pi i/2}u/z \tag{16.23}$$

をする．新しい変数 u は半直線 $[0,\infty e^{ib})$ 上にあるが，b と a （t 変数の積分路の方向）の関係は (16.23) より $b=a+\arg z-\pi/2$ であるので，(16.15) より $-\pi/2<b<\pi/2$ であり，

$$(16.24)\quad H_\nu^{(1)}(z)=\left(\frac{2}{\pi z}\right)^{\frac{1}{2}}\frac{e^{i(z-\frac{\pi\nu}{2}-\frac{\pi}{4})}}{\Gamma(\nu+1/2)}\int_0^{\infty e^{ib}}e^{-u}u^{\nu-\frac{1}{2}}\left(1+\frac{iu}{2z}\right)^{\nu-\frac{1}{2}}du$$

が得られる．特に $\arg z$ に関する条件を (16.19) のようにとると，

$$-\pi+\delta/2\le\arg(iu/2z)\le\pi-\delta/2$$

が成り立つように b を

$$(16.25)\qquad -\pi/2+\delta/2\le b\le\pi/2-\delta/2$$

の範囲にとることができる．これより

$$(16.26)\qquad \left|1+\frac{iu}{2z}\right|\ge\sin(\delta/2),\quad \left|\arg\left(1+\frac{iu}{2z}\right)\right|<\pi$$

を得る．

さて $u=e^{ib}x$ と表し

$$f(x)=\left(1+\frac{e^{i(b+\pi/2)}x}{2z}\right)^{\nu-1/2}$$

とおくと，(16.26) より $f:[0,+\infty)\to\boldsymbol{C}$ は無限回連続微分可能である．これに補題 16.1 を適用すると，任意の $p\in\boldsymbol{Z}_{>0}$ に対して

$$\begin{aligned}\left(1+\frac{iu}{2z}\right)^{\nu-1/2}&=\sum_{m=0}^{p-1}\frac{(1/2-\nu)_m}{m!}\left(\frac{u}{2iz}\right)^m\\&\quad+\frac{(1/2-\nu)_p}{(p-1)!}\left(\frac{u}{2iz}\right)^p\int_0^1(1-s)^{p-1}\left(1+\frac{ius}{2z}\right)^{\nu-p-1/2}ds\end{aligned}$$

が得られる．これを (16.24) に代入し，ガンマ関数の定義とその公式を用いると

$$H_\nu^{(1)}(z)=\left(\frac{1}{\pi z}\right)^{\frac{1}{2}}e^{i(z-\frac{\pi\nu}{2}-\frac{\pi}{4})}\left[\sum_{m=0}^{p-1}\frac{(-1)^m(\nu,m)}{(2iz)^m}+R_p\right]$$

を得る．ここで $R_p = A_p/z^p$,

$$A_p = \frac{(1/2-\nu)_p}{(2i)^p(p-1)!\,\Gamma(\nu+1)} \times \int_0^{\infty e^{ib}} \int_0^1 e^{-u} u^{\nu-1/2-p}(1-s)^{p-1} \left(1+\frac{ius}{2z}\right)^{\nu-1/2-p} ds\, du.$$

さて $p \gg 1$ とすると，(16.25) より

$$\left|\left(1+\frac{ius}{2z}\right)^{\nu-1/2-p}\right| \le e^{\pi|\mathrm{Im}(\nu)|}[\sin(\delta/2)]^{\mathrm{Re}(\nu)-1/2-p}$$

が得られ，これと (16.25) から $|A_p|$ は ν, p, δ にのみ依存する正定数であることがわかる．以上より $H_\nu^{(1)}(z)$ に関する (16.18) が示された．同様に (16.20) も証明できる． □

16.5. ストークス現象

ベッセルの微分方程式 (16.4) を例にとってストークス現象とは何であるかを説明しよう．まず角領域 $-2\pi < \arg z < \pi$ において，形式的級数 $T^{(2)}(z)$ に漸近展開されることがわかっているハンケル関数 $H_\nu^{(2)}(z)$ を解析接続した関数が角領域

$$\pi < \arg z < 2\pi, \quad 0 < |z| < \infty \tag{16.27}$$

においてどのような形式的級数に漸近展開されるか，また角領域 (16.27) において $T^{(2)}(z)$ に漸近展開される解は $H_\nu^{(1)}, H_\nu^{(2)}$ のどのような線形結合で表されるかを調べてみる．

変数 z が半直線：$\arg z = \pi$ を正の向きに越えるとき，$H_\nu^{(2)}(z)$ を定義している積分路の方向 a は，積分が無限遠点の方で収束するための条件 (16.15) を保つために，不等式 (16.17) の境界 $a = 0$ を負の向きに越えなければならない．よってこのとき，積分路は図 22 のように被積分関数の分岐点 $t = 1$ において曲がった折れ線となる．この曲線を図 23 のように連続的に変形する．ここで点 A, B をそれぞれ $1 + \infty e^{ia}, -1 + \infty e^{ia}$ の方に動かしていくと，孤 AB 上での積分は 0 に収束することに注意する（孤上の点 t に対して被積分関数の絶対値は $ce^{-\gamma|t|}$ 以下であるからである．ここで c, γ はある正定数）．したがっ

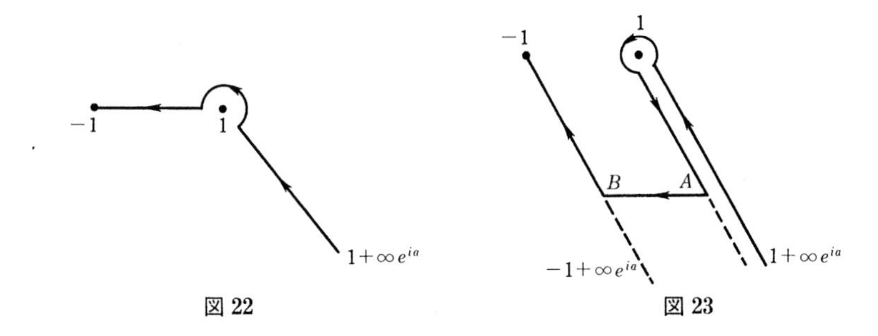

図 22　図 23

て，無限遠点 $1+\infty e^{ia}$ から点 $t=1$ に到る半直線は小節 16.3 で定義した領域 $D^{(1)}$ 内にあることと，点 B から点 $t=-1$ に到る線分は小節 16.3 の領域 D_- 内にあることに注意し，§12 で用いた被積分関数の分枝をも示す積分路の表示法を使うと，われわれの積分路は

$$\begin{aligned}&\overrightarrow{(1+\infty e^{ia})1}+e(\nu-1/2)\overrightarrow{1(1+\infty e^{ia})}+e(-\nu+1/2)\overrightarrow{(-1+\infty e^{ia})(-1)}\\&=-(1+e(\nu))\overrightarrow{1(1+\infty e^{ia})}-e(-\nu)\overrightarrow{(-1+\infty e^{ia})(-1)}\end{aligned}$$

に変形されることがわかる．ここで $e(c)=e^{2\pi ic}$．よって角領域 (16.27) において

$$H_\nu^{(2)}(z)=-(1+e(\nu))H_\nu^{(1)}(z)+f(z), \tag{16.28}$$

$$f(z):=-e(-\nu)\int_{-1+\infty e^{ia}}^{-1}Q(z,t)dt \tag{16.29}$$

が成立する．角領域 (16.27) 内の z に対して (16.15) を保つのであるから，a の範囲は

$$-\pi<a<0 \tag{16.30}$$

であることにも注意しておこう．

角領域 (16.27) は (16.13) の部分角領域であるので

$$-(1+e(\nu))H_\nu^{(1)}(z)\sim-(1+e(\nu))T^{(1)}(z)\quad(z\to\infty,\ \pi<\arg z<2\pi)$$

である．そこで (16.27) における $f(z)$ の漸近展開を求めることにする．関数 $f(z)$ の定義式 (16.29) において

$$z = e^{2\pi i}\zeta, \qquad t = e^{-2\pi i}\tau$$

とすると，(16.27) と (16.30) から

$$-\pi < \arg\zeta < 0, \qquad \pi < \arg\tau < 2\pi$$

となり，また (16.10) と (16.11) から

$$f(z) = -e(-\nu)e(\nu)H_\nu^{(2)}(\zeta) = -H_\nu^{(2)}(\zeta)$$

となる．ところで ζ は角領域 (16.16) 内にあるので $H_\nu^{(2)}(\zeta) \sim T^{(2)}(\zeta)$，さらに $\zeta^{-1/2} = (e^{-2\pi i}z)^{-1/2} = -z^{-1/2}$ にも注意すると

$$f(z) \sim T^{(2)}(z), \quad z \to \infty,\ \pi < \arg z < 2\pi \tag{16.31}$$

が確かめられる．したがって

$$H_\nu^{(2)}(z) \sim -(1+e(\nu))T^{(1)}(z) + T^{(2)}(z), \ \ z \to \infty, \pi < \arg z < 2\pi \tag{16.32}$$

が導かれた．ここで (16.32) の右辺は 2 つの形式的級数の和であるので，その漸近展開の意味を吟味することにしよう．角領域 (16.27) の任意の閉部分角領域

$$\pi + \delta \le \arg z \le 2\pi - \delta, \quad r \le |z| < \infty \tag{16.33}$$

において

$$|e^{iz}| \ge |e^{-iz}|\exp(2|z|\sin\delta) \tag{16.34}$$

であるので，任意の $p \in \boldsymbol{Z}_{>0}$ に対して

$$|e^{iz}z^{-p}| > |e^{-iz}| \tag{16.35}$$

が (16.33) において成り立つ（ただし $r \gg 1$）．これは $f(z)$ が $-(1+e(\nu))H_\nu^{(1)}(z)$ の漸近展開におけるどの剰余項よりも小さいことを意味して

いる．したがって，(16.32) の右辺の第 2 項 $T^{(2)}(z)$ は角領域 (16.27) における漸近展開式の中ではまったく意味をもたない．したがって (16.32) は

$$H_\nu^{(2)}(z) \sim -(1+e(\nu))T^{(1)}(z), \quad z \to \infty, \pi < \arg z < 2\pi \tag{16.36}$$

と同じことである．

以上より，ハンケル関数 $H_\nu^{(2)}(z)$ は $z \to \infty$ のとき，角領域 $-2\pi < \arg z < \pi$ においては $T^{(2)}(z)$ に漸近展開され，角領域 $\pi < \arg z < 2\pi$ においては $-(1+e(\nu))T^{(1)}(z)$ に漸近展開されることがわかった．また (16.28)，(16.29)，(16.31) より，角領域 (16.27) において $T^{(2)}(z)$ に漸近展開される解は $f(z)$ すなわち $(1+e(\nu))H_\nu^{(1)}(z) + H_\nu^{(2)}(z)$ であることもわかった（このような解の一意性はこの後すぐに示す）．不確定特異点に近づく方向を変えていったとき，1 つの関数の漸近展開式が不連続的に変化するこのような現象を一般に**ストークス現象**という．

これまでの計算でストークス現象に関する事柄を説明するための準備が整ったので，それを用いて補足とストークス係数の定義を与えよう．まずハンケル関数 $H_\nu^{(1)}(z)$, $H_\nu^{(2)}(z)$ が角領域 $-\pi < \arg z < \pi$ において $z \to \infty$ のとき，それぞれ形式的級数 $T^{(1)}(z)$, $T^{(2)}(z)$ に漸近展開されることがわかっているが（定理 16.1），このような解が一意的であることをみておこう．簡単のため角領域の記号を次のように導入する．

$$S(\underline{\theta}, \overline{\theta}) = \{z \in \boldsymbol{C} \mid \underline{\theta} < \arg z < \overline{\theta},\ 0 < |z| < \infty\}. \tag{16.37}$$

また，$S(\underline{\theta}, \overline{\theta})$ の任意の閉部分角領域 $\overline{S}(\underline{\theta}+\delta, \overline{\theta}-\delta)$ において，$z \to \infty$ のとき (16.35) が（または $|e^{iz}| < |e^{-iz}z^{-p}|$ が）任意の $p \in \boldsymbol{Z}_{>0}$ に対して成り立つとき，角領域 $S(\underline{\theta}, \overline{\theta})$ において $|e^{iz}| \gg |e^{-iz}|$ （または $|e^{iz}| \ll |e^{-iz}|$）と表すことにする．さて角領域 $S(-\pi, \pi)$ において，$T^{(1)}(z)$ に漸近展開される関数を $g(z) := c_1 H_\nu^{(1)}(z) + c_2 H_\nu^{(2)}(z)$ （c_1, c_2 は定数）とする．ところで $S(-\pi, 0)$ においては $|e^{iz}| \gg |e^{-iz}|$ であるので，上で (16.32) が (16.36) となることを示したのと同じ理由で，

$$g(z) \sim c_1 T^{(1)}(z), \quad z \to \infty,\ z \in S(-\pi, 0)$$

である．よって $c_1 = 1$．同様に $S(0,\pi)$ において $|e^{iz}| \ll |e^{-iz}|$ であり

$$g(z) \sim c_2 T^{(2)}(z), \quad z \to \infty,\ z \in S(0,\pi)$$

であるので $c_2 = 0$，したがって $g(z) = H_\nu^{(1)}(z)$ が示された．角領域 $S(-\pi,\pi)$ において $T^{(2)}(z)$ に漸近展開される解が $H_\nu^{(2)}(z)$ に限ることも同様に示される．

次に角領域 $S(0,2\pi)$ において $T^{(1)}(z), T^{(2)}(z)$ に漸近展開される解は $H_\nu^{(1)}(z)$，$(1+e(\nu))H_\nu^{(1)}(z) + H_\nu^{(2)}$ でそれに限ることをみておこう．関数 $H_\nu^{(1)}(z)$ が $S(0,2\pi)$ において $T^{(1)}(z)$ に漸近展開されることは定理16.1の一部である．関数 $f(z) = (1+e(\nu))H_\nu^{(1)}(z) + H_\nu^{(2)}(z)$ が $S(0,\pi)$ において $T^{(2)}(z)$ に漸近展開されることは，この角領域において $|e^{iz}| \ll |e^{-iz}|$ であることと定理16.1よりいえる．これと (15.31) より，$f(z)$ が $S(0,2\pi)$ において $T^{(2)}(z)$ に漸近展開されることがわかる．また一意性も上と同様にして確かめられる．

さて整数 p に対して角領域 S_p を

$$S_p = S((p-1)\pi,\ (p+1)\pi) \tag{16.38}$$

で定義する．このとき各 S_p において $z \to \infty$ のとき形式的級数解 $T^{(1)}(z)$，$T^{(2)}(z)$ に漸近展開される解 $f_p^{(1)}(z)$，$f_p^{(2)}(z)$ が一意的に存在する．このことは，$p = 0, 1$ の場合にはいま確かめたばかりであるが，他の一般の場合も同様に確かめられる．明らかに各 p に対して $f_p^{(1)}$，$f_p^{(2)}$ は線形独立であるので，$S_p \cap S_{p+1}$ において

$$\left(f_{p+1}^{(1)}(z), f_{p+1}^{(2)}(z)\right) = \left(f_p^{(1)}(z), f_p^{(2)}(z)\right) C_{p+1} \tag{16.39}$$

が成り立つような $C_{p+1} \in GL(2,\boldsymbol{C})$ が存在する．各行列 C_{p+1} の成分を**ストークス係数**という．ストークス係数がわかれば不確定特異点 $z = \infty$ における解のふるまいはわかったといっていいだろう．すでにみたように

$$\begin{aligned} f_0^{(1)}(z) &= H_\nu^{(1)}(z), \quad f_0^{(2)}(z) = H_\nu^{(2)}(z), \\ f_1^{(1)}(z) &= H_\nu^{(1)}(z), \quad f_1^{(2)}(z) = (1+e(\nu))H_\nu^{(1)}(z) + H_\nu^{(2)}(z) \end{aligned} \tag{16.40}$$

であるので

$$C_1 = \begin{pmatrix} 1 & 1+e(\nu) \\ 0 & 1 \end{pmatrix} \tag{16.41}$$

である.

注意 16.3. ベッセルの微分方程式 (16.4) の不確定特異点 $z=\infty$ における 2 つの形式解 $T^{(1)}(z)$ と $T^{(2)}(z)$ (注意 16.2) の主要部は e^{iz} と e^{-iz} であるが, これらの絶対値が等しくなるのは

$$\mathrm{Re}(iz) = \mathrm{Re}(-iz) \tag{16.42}$$

のときである. これが成り立つ方向

$$\arg z = p\pi, \qquad p \in \boldsymbol{Z}$$

を**特異方向**, 原点を端点とし方向が特異方向と一致する半直線を**特異半直線**という.

16.6. 2 点接続問題

ベッセルの方程式 (16.4) の確定特異点 $z=0$ における解が, 不確定特異点 $z=\infty$ においてどのようにふるまうかを調べる問題を方程式 (16.4) の 2 点接続問題という. これに関して次の定理が成り立つ.

定理 16.2. 仮定 $2\nu \notin \boldsymbol{Z}$ のもとで

$$J_\nu(z) = \frac{1}{2}\left(H_\nu^{(1)}(z) + H_\nu^{(2)}(z)\right), \tag{16.43}$$

$$J_{-\nu}(z) = \frac{1}{2}\left(e^{\nu\pi i}H_\nu^{(1)}(z) + e^{-\nu\pi i}H_\nu^{(2)}(z)\right) \tag{16.44}$$

が領域 $0<|z|<\infty$, $-\pi < \arg z < \pi$ において成り立つ. ここで $J_\nu, J_{-\nu}$ は (16.7) で定義された解で, $H_\nu^{(1)}, H_\nu^{(2)}$ は (16.11) で定義された解である.

証明概略 等式 (16.43) を確かめよう. 式 (16.11) よりコーシーの積分定理を用いると

$$\frac{1}{2}\left(H_\nu^{(1)}(z) + H_\nu^{(2)}(z)\right) = -\frac{1}{2}\int_{-1}^{1} Q(z,t)\,dt.$$

この右辺を $0<|z|\ll 1$ において計算すると $(z/2)^\nu(1/\Gamma(\nu+1)+O(z))$ であることがわかる. よってこれは $J_\nu(z)$ に一致する. 等式 (16.44) は $H_\nu^{(1)}(z)$, $H_\nu^{(2)}(z)$ を $P(z,t)$ ((16.11) 参照) を被積分関数とする周辺積分といわれるものに直してやることにより示されるが, 証明は省略する. □

注意 16.4　このような2点接続問題とストークス現象は密接な関係にある．確定特異点である $z=0$ における解の $z=\infty$ における漸近展開を求める著者の独創的方法を自ら解説した興味ある書物に，参考書 [7] がある．

前小節の結果とこの定理より

$$J_\nu(z) \sim \frac{1}{2}T^{(1)}(z) + \frac{1}{2}T^{(2)}(z), \quad z \to \infty,\ z \in S(-\pi, \pi) \tag{16.45}$$

が得られる．この右辺の2項は $S(-\pi,\pi)$ においてはどちらも落とすことができない．それは

$$J_\nu(z) \sim \frac{1}{2}T^{(1)}(z), \qquad z \to \infty,\ z \in S(-\pi, 0),$$

$$J_\nu(z) \sim \frac{1}{2}T^{(2)}(z), \qquad z \to \infty,\ z \in S(0, \pi),$$

$$J_\nu(z) \sim \frac{1}{2}T^{(1)}(z) + \frac{1}{2}T^{(2)}(z), \quad z \to \infty,\ \arg z = 0$$

であるからである．最後の漸近展開は特異半直線上のもので，$z \to \infty$ のとき**減衰振動**することがわかる．

一般の整数 p に対してある定数 a_p, b_p が一意的に存在して

$$J_\nu(z) \sim a_p T^{(1)}(z) + b_p T^{(2)}(z), \quad z \to \infty,\ z \in S_p. \tag{16.46}$$

ここで角領域 S_p は (16.38) で定義したものである．前小節の結果から

$$a_0 = \frac{1}{2},\ b_0 = \frac{1}{2}; \quad a_1 = \frac{1}{2}e^{2\pi i(\nu-1/2)},\ b_1 = \frac{1}{2} \tag{16.47}$$

が確かめられる．これより a が角領域 $S_0 \cap S_1 = S(0,\pi)$ において不連続的に変化していることがわかるが（ストークス現象），この角領域は $|e^{iz}| \ll |e^{-iz}|$ となる領域であることに注意しよう．

§17.　不確定特異点における漸近解の構成

前節で調べたベッセルの微分方程式は $z=0$ に確定特異点を，$z=\infty$ に不確定特異点をもつものであった．確定特異点において解を構成する一般的方法は §13 で与えたので，本節では不確定特異点における解の構成法を説明することにしよう．

17.1. 問題の設定

一般に (13.1) のように書かれる単独高階方程式が，リーマン球面 $\boldsymbol{P} = \boldsymbol{C} \cup \{\infty\}$ 上の点 $z = c$ に不確定特異点をもつとしよう．不確定特異点は変数変換により無限遠点に移しておいて考察するのが普通であるので（たとえば $1/(z-c)$ を新しい変数 z にとる)，はじめから $z = \infty$ が不確定特異点であるとする．このとき適当に従属変数を増やして，(13.1) を n 連立1階方程式に書き換えると

$$\frac{dv}{dz} = z^q A(z) v \tag{17.1}$$

という形の方程式が得られる．ここで $v = {}^t(v^0, \ldots, v^{n-1})$, q は 0 以上の整数，$A(z)$ は各成分が $z = \infty$ で正則な n 次正方行列である．たとえば，ベッセルの微分方程式 (16.4) は，$v^0 = w, v^1 = dw/dz$, $v = {}^t(v^0, v^1)$ とすると

$$\frac{dv}{dz} = \begin{pmatrix} 0 & 1 \\ -1 + \nu^2 z^{-2} & -z^{-1} \end{pmatrix} v \tag{17.2}$$

となり，この場合は $q = 0$ である．方程式 (17.1) において $A(z)$ が $z = \infty$ において正則であるとき，$z = \infty$ は $q = -1$ ならばたかだか確定特異点，$q \leq -2$ ならば正則点であることに注意しておこう．われわれは $q \geq 0$ の場合に連立方程式 (17.1) の $z = \infty$ における解の構成法を考えることにする．行列 $A(z)$ の $z = \infty$ におけるべき級数展開を

$$A(z) = \sum_{i=0}^{\infty} A_i z^{-i} \tag{17.3}$$

としておく．各 A_i は定数行列である．

本節では簡単のため

$$A_0 = A(\infty) \text{ の固有値は相異なる} \tag{17.4}$$

という仮定をいつもおいておく．

17.2. 形式解の構成

方程式 (17.1) の形式的な解を求めるには，形式的変換

$$v = P(z) u \tag{17.5}$$

によって (17.1) を求積できる方程式に変換するのが便利である．ここで $P(z)$ は n 次正方行列で

$$P(z) = \sum_{i=0}^{\infty} P_i z^{-i}, \qquad \det P_0 \neq 0 \tag{17.6}$$

という z^{-1} の形式的べき級数である．計算をみやすくするため，定理 13.5 を導いたときのように，変換 (17.5) を簡単な変換を無限回くり返すことにより得ることにする．

まず，定数行列による変換 $v = P_0 u$ $(P_0 \in GL(n, \boldsymbol{C}))$ により A_0 をジョルダン標準形にする．仮定 (17.4) より A_0 のジョルダン標準形は対角行列である．よって以下

$$A_0 = \mathrm{diag}(\lambda_{00}, \lambda_{10}, \ldots, \lambda_{n-1,0}) \tag{17.7}$$

とする．

次に (17.7) をみたす (17.1) の形の方程式に変換

$$v = (I + Pz^{-i})u \tag{17.8}$$

をほどこしたときの影響を調べてみる．ここで $i \geq 1, P$ は定数行列である．(17.1) に (17.8) を行って得られる方程式は

$$\frac{du}{dz} = z^q B(z) u \tag{17.9}$$

$$B(z) = (I + Pz^{-i})^{-1}[A(z)(I + Pz^{-i}) + iPz^{-i-q-1}]$$

となる．よって $B(z)$ を

$$B(z) = \sum_{i=0}^{\infty} B_i z^{-i} \tag{17.10}$$

とべき級数展開すると，

$$B_l = A_l, \qquad l < i \tag{17.11}$$

$$B_i = A_i - PA_0 + A_0 P \tag{17.12}$$

が得られる．行列 B_i，A_i，P の第 (j,k) 成分をそれぞれ b^j_k，a^j_k，p^j_k とすると，(17.7)，(17.12) より

$$b^j_k = a^j_k + (\lambda_{j0} - \lambda_{k0})p^j_k. \tag{17.13}$$

したがって仮定 (17.4) より $P = (p^j_k)$ を適当に選んで，B_i の対角成分以外はすべて 0 にすることができる．P の対角成分はどうとってもいいが，0 ととるのが簡単である．

この操作を $i = 1, 2, \ldots$ とくり返すことにより，(17.1) の右辺の $z^q A(z)$ を対角行列にすることができる．その第 (j,j) 成分を

$$\lambda_j(z) + \rho_j z^{-1} + a_j(z)$$

と表すことにする．ここで $\lambda_j(z)$ は z の q 次多項式

$$\lambda_j(z) = \lambda_{j0} z^q + \lambda_{j1} z^{q-1} + \ldots + \lambda_{j,q-1} z + \lambda_{jq}, \tag{17.14}$$

ρ_j は定数，$a_j(z)$ は z^{-2} から始まる z^{-1} の形式的べき級数である．

最後に各 $a_j(z)$ を 0 にする形式的変換を行う．すでに (17.1) の $z^q A(z)$ が対角行列になっているので，次の形の n 個の単独方程式

$$\frac{dv}{dz} = [\lambda(z) + \rho z^{-1} + a(z)]v \tag{17.15}$$

をべつべつに考えれば十分である．ここで

$$\lambda(z) = \lambda_0 z^q + \ldots + \lambda_q, \quad a(z) = \sum_{i=2}^{\infty} a_i z^{-i}. \tag{17.16}$$

単独方程式 (17.15) に変換

$$v = (1 + pz^{-i})u, \qquad i \geq 1 \tag{17.17}$$

を行って得られる方程式は

$$\frac{du}{dz} = [\lambda(z) + \rho z^{-1} + b(z)]u, \quad b(z) = \sum_{i=2}^{\infty} b_i z^{-i} \tag{17.18}$$

と表されること，さらに

$$b_l = a_l, \qquad l < i+1 \tag{17.19}$$

$$b_{i+1} = a_{i+1} + ip \tag{17.20}$$

が確かめられる．よって変換 (17.17) の p を適当に選ぶことにより，(17.15) における z^{-1} の形式的べき級数 $a(z)$ の i 次以下は変えず，$(i+1)$ 次の項を消すことができる．したがってこのような操作を $i = 1, 2, \ldots$ とくり返すことにより (17.15) を

$$\frac{du}{dz} = [\lambda(z) + \rho z^{-1}]u$$

に変換できることがわかる．

以上の計算より次の定理が示される．

定理 17.1. (形式的変換)　仮定 (17.4) が成り立つ，すなわち $A(\infty)$ の固有値 $\lambda_{00}, \ldots, \lambda_{n-1,0}$ が相異なるとする．このとき (17.6) のような z^{-1} の形式的べき級数で表される行列 $P(z)$ を適当に選ぶと，方程式 (17.1) は形式的変換 (17.5) により

$$\frac{du}{dz} = [L(z) + Rz^{-1}]u \tag{17.21}$$

に変換される．ただし

$$L(z) = \mathrm{diag}[\lambda_0(z), \ldots, \lambda_{n-1}(z)], \quad R = \mathrm{diag}[\rho_0, \ldots, \rho_{n-1}], \tag{17.22}$$

$\lambda_j(z)$ は (17.14) のように表される z の q 次多項式，ρ_j は定数である．形式的べき級数 $P(z)$ は一般に発散する．

ここで，$\{\lambda_j(z) + \rho_j z^{-1}\}_{j=0}^{n-1}$ は方程式 (17.1) より一意的に定まる．また (17.1) を (17.21) に変換する行列 $P(z)$ は対角形の定数行列を掛ける不定性を除いて一意的に決まる．すなわち (17.1) を (17.21) に移す形式的変換 $v = Q(z)u$ ($Q(z) = \sum_{i=0}^{\infty} Q_i z^{-i}$，$\det Q_0 \neq 0$) があれば，ある対角行列 $D \in GL(n, \boldsymbol{C})$ が存在して $Q(z) = P(z)D$ であり，逆にこのような $Q(z)$ に対して $v = Q(z)u$ は (17.1) を (17.21) に変換する．

問 17.1. 上の定理の後半部分を確かめよ．

さて各 j に対して

$$\Lambda_j(z) := \int_0^z \lambda_j(\zeta)\,d\zeta = \sum_{l=0}^{q} \frac{\lambda_{jl}}{q-l+1} z^{q-l+1} \tag{17.23}$$

とし

$$\Lambda(z) = \mathrm{diag}[\Lambda_0(z), \ldots, \Lambda_{n-1}(z)] \tag{17.24}$$

とおき，R を (17.22) で定めたものとすると，行列関数 $z^R \exp(\Lambda(z))$ が (17.21) の基本系行列となる．よって

$$P(z) z^R \exp(\Lambda(z)) \tag{17.25}$$

が (17.1) の形式的基本系行列である．行列 $P(z)$ の第 k 列ベクトルを $p_k(z)$ で表すと，すなわち

$$P(z) = (p_0(z), \ldots, p_{n-1}(z)) \tag{17.26}$$

とすると，(17.1) の形式解として

$$T^{(k)}(z) := p_k(z) z^{\rho_k} \exp(\Lambda_k(z)), \quad k = 0, 1, \ldots, n-1 \tag{17.27}$$

をとることができる．これも定理としてまとめておこう．

定理 17.2. (形式解の存在) 仮定 (17.4) のもとで，方程式 (17.1) は (17.27) で定義される n 個の形式解 $T^{(0)}(z), \ldots, T^{(n-1)}(z)$ をもつ．任意の 0 でない定数 $d_0, \ldots, d_{n-1}$ に対して $d_0 T^{(0)}(z), \ldots, d_{n-1} T^{(n-1)}(z)$ も (17.1) の形式解である．

17.3. 漸近解の存在

方程式 (17.1) の各形式解 $T^{(k)}(z) = p_k(z) z^{\rho_k} \exp(\Lambda_k(z))$ は，確定特異点の場合と異なり，一般に収束しない．すなわち $p_k(z)$ は一般に z^{-1} の発散級数である (前節の注意 16.1,16.2 参照)．それでは形式解を求めたことがまったく無意味かというとそうではなく，各形式解に漸近展開される真の解が存在するの

である．すなわち各 $T^{(k)}(z)$ に対し，任意の方向 $\arg z = \theta$ を与えたとき，その方向を含む適当な角領域とそこで正則かつその中で $z \to \infty$ のとき，$T^{(k)}(z)$ に漸近展開される (17.1) の真の解が存在することがいえる．よく知られているようにこの事実を初めて示したのはポアンカレである．ポアンカレ以後，多くの人によってこの拡張と一般化がされたが，最終的結果は福原満洲雄先生により得られた．ここではその結果を仮定 (17.4) をみたす方程式 (17.1) に限定して説明する．まずは漸近展開という概念を理解していただこう．

記号と漸近展開の定義の説明からはじめる．開角領域 $S = S(\underline{\theta}, \overline{\theta}, r)$ を

$$S(\underline{\theta}, \overline{\theta}, r) = \{z \in \boldsymbol{C} \mid \underline{\theta} < \arg z < \overline{\theta}, |z| > r\} \tag{17.28}$$

で定義する．複素平面 $\boldsymbol{C}$ における S の閉包 $\overline{S} = \{z \in \boldsymbol{C} \mid \underline{\theta} \leq \arg z \leq \overline{\theta}, |z| \geq r\}$ を閉角領域という．

定義 17.1. (閉角領域における狭義漸近展開)　$f(z)$ を閉角領域 $\overline{S} = \overline{S}(\underline{\theta}, \overline{\theta}, r)$ において定義された複素 n 次元ベクトル値関数，$g(z)$ を $\overline{S}$ において定義された決して 0 にならない関数，$\sum_{i=0}^{\infty} p_i z^{-i}$　$(p_i \in \boldsymbol{C}^n, i = 0, 1, \ldots)$ を z^{-1} の形式的べき級数とする．このとき $f(z)$ が，$\overline{S}$ において $z \to \infty$ のとき，$g(z) \sum_{i=0}^{\infty} p_i z^{-i}$ に**狭義漸近展開**されるとは，任意の $N \in \boldsymbol{Z}_{>0}$ に対して定数 $A_N > 0$ および $r_N \geq r$ が存在して

$$\left\| f(z)/g(z) - \sum_{i=0}^{N-1} p_i z^{-i} \right\| \leq A_N |z|^{-N} \tag{17.29}$$

がすべての $z \in \overline{S}(\underline{\theta}, \overline{\theta}, r_N)$ について成り立つことである．ここで $\|\cdot\|$ は (8.4) で与えられたノルムである．このとき

$$f(z) \sim g(z) \sum_{i=0}^{\infty} p_i z^{-i}, \quad z \to \infty, z \in \overline{S} \tag{17.30}$$

あるいは任意の N に対して

$$f(z) = g(z) \left[\sum_{i=0}^{N-1} p_i z^{-i} + O(z^{-N}) \right], \quad z \in \overline{S} \tag{17.31}$$

と表す．

定義 17.2. (開角領域における漸近展開) $f(z), g(z), \sum_{i=0}^{\infty} p_i z^{-i}$ は定義 17.1 と同様とする．ただし $f(z), g(z)$ の定義域は開角領域 $S = S(\underline{\theta}, \overline{\theta}, r)$ とする．このとき，$f(z)$ が S において $z \to \infty$ のとき $g(z) \sum_{i=0}^{\infty} p_i z^{-i}$ に**漸近展開**されるとは，S の任意の閉部分角領域において $z \to \infty$ のとき $f(z)$ が $g(z) \sum_{i=0}^{\infty} p_i z^{-i}$ に狭義漸近展開されることである．

前節でみたベッセルの方程式の場合から推察できるように，不確定特異点の近くでの解の漸近挙動は，$\exp(\Lambda_0(z)), \ldots, \exp(\Lambda_{n-1}(z))$ の間の大きさの相対関係に強く支配される．そこで $|\exp(\Lambda_j(z))/\exp(\Lambda_k(z))| = \exp[\mathrm{Re}(\Lambda_j(z) - \Lambda_k(z))]$ と仮定 (17.4) に注意して，一般の $(q+1)$ 次多項式

$$M(z) = az^{q+1} + bz^q + \ldots, \qquad a, b, \ldots \in \boldsymbol{C},\ a \neq 0$$

の指数関数の絶対値を考える．$z = re^{i\theta}$ ($i = \sqrt{-1}$) とすると

$$\mathrm{Re}\, M(z) = |a| \cos((q+1)\theta + \arg a) r^{q+1} + |b| \cos(q\theta + \arg b) r^q + \ldots$$

であるので，θ を $\cos((q+1)\theta + \arg a) > 0$ (または < 0) となるように固定し，$\arg z = \theta$ に沿って $z \to \infty$ とすると $\mathrm{Re}\, M(z) \to +\infty$ (または $-\infty$)，よってこのとき $|\exp(M(z))| \to +\infty$ (または 0) となる．θ が $\cos((q+1)\theta + \arg a) = 0$ をみたすときは，$\mathrm{Re}\, M(z)$ あるいは $|\exp(M(z))|$ の挙動は $M(z)$ の低次の項が関係し種々のことが起こりうるが，このような θ を境にして $|\exp(M(z))|$ のふるまいはまったく変わるのである．このことを考慮して次のような定義を与える．

定義 17.3.

(i) $\{z \in \boldsymbol{C} - \{0\} \mid \cos((q+1)\arg z + \arg a) > 0\}$ の各連結成分を $\mathrm{Re}\, M(z)$ の正の角領域という．

(ii) $\{z \in \boldsymbol{C} - \{0\} \mid \cos((q+1)\arg z + \arg a) < 0\}$ の各連結成分を $\mathrm{Re}\, M(z)$ の負の角領域という．

(iii) $\cos((q+1)\theta + \arg a) = 0$ をみたす方向 θ を $\mathrm{Re}\, M(z)$ の特異方向という．方向が特異方向と一致する原点を始点とする半直線を特異半直線という．

注意 17.1.　$\mathrm{Re}\, M(z)$ の特異半直線は $2(q+1)$ 本あり，$(q+1)$ 本の原点を通る直線をなしている．隣接する 2 本の特異半直線で囲まれた角領域が $\mathrm{Re}\, M(z)$ の正または負の角領域で，その開きは $\pi/(q+1)$ である．このような $2(q+1)$ 個の角領域のうち $q+1$ 個が正の角領域で残りの $q+1$ 個が負の角領域である．両者は互い違いに並んでいる．

定義 17.4. (固有角領域)　多項式 $\Lambda_0(z), \ldots, \Lambda_{n-1}(z)$ を (17.23) で与えられたものとする．このとき開角領域 S が $\Lambda_k(z)$ に対する**固有角領域**であるとは，任意の $j(\neq k)$ に対して，S と交わる $\mathrm{Re}(\Lambda_j(z) - \Lambda_k(z))$ の正の角領域はたかだか 1 つであることである．

このように固有角領域を定義すると，本節で最も重要な漸近解の存在に関する定理が次のように述べられる．

定理 17.3. (ポアンカレ・福原の定理)　任意に $k = 0, \ldots, n-1$ を固定する．開角領域 $S = S(\underline{\Theta}, \overline{\Theta}, r)$ が $\Lambda_k(z)$ に対する固有角領域ならば，方程式 (17.1) は S において正則で，S において $z \to \infty$ のとき形式解 $T^{(k)}(z) = p_k(z) z^{\rho_k} \exp(\Lambda_k(z))$ に漸近展開される真の解をもつ．

この解は一般に任意定数を含むが，その個数は S が $\mathrm{Re}(\Lambda_j(z) - \Lambda_k(z))$ の負の角領域に含まれるような $j(\neq k)$ の個数に等しい．

注意 17.2.　ベッセルの微分方程式 (16.4) あるいは (17.2) に対しては多項式 $\{\Lambda_k(z)\}_k$ は $\{iz, -iz\}$ である．定理 16.1 で示したハンケル関数 $H^{(1)}(z)$ の漸近展開可能な角領域 $S(-\pi, 2\pi)$ は iz に対する固有角領域で，$H^{(2)}(z)$ の漸近展開可能な角領域 $S(-2\pi, \pi)$ は $-iz$ に対する固有角領域である．

定理 17.3 の証明は省略する．しかしこの定理は非常に重要であるので，その主張していることを十分に理解しなければならない．

まず形式解に漸近展開されるという意味を定義 17.1,17.2 により明確にしておこう．定理がいう真の解を $v(z)$ とし，$v(z) = x(z) z^{\rho_k} \exp(\Lambda_k(z))$ により $x(z)$ を定める．形式べき級数 $p_k(z)$ を $\sum_{i=0}^{\infty} p_{ki} z^{-i}$ と表すと，S において $z \to \infty$ のとき $v(z)$ が $T^{(k)}(z)$ に漸近展開されるとは，S の任意の閉部分角領域において $z \to \infty$ のとき $x(z)$ が $\sum_{i=0}^{\infty} p_{ki} z^{-i}$ に狭義漸近展開されることである．すなわち任意に $\underline{\theta}, \overline{\theta}$ を $\underline{\Theta} < \underline{\theta} < \overline{\theta} < \overline{\Theta}$ なるように選んで固定したと

き，任意の N に対して正定数 A_N と r_N が存在して

$$\left\| x(z) - \sum_{i=0}^{N-1} p_{ki} z^{-i} \right\| \leq A_N |z|^{-N}$$

が任意の $z \in \overline{S}(\underline{\theta}, \overline{\theta}, r_N)$ について成り立つことである．

次に，固定された k に対して開角領域 $S = S(\underline{\Theta}, \overline{\Theta}, r)$ が $\Lambda_k(z)$ に対する固有角領域でなければ，S において $z \to \infty$ のとき形式解 $T^{(k)}(z)$ に漸近展開される解が一般には存在しない理由を考えよう．一般の n のときは証明を与えないと説明が難しいので $n = 2$ の場合に話を限ろう．k を $0, 1$ のどちらかとし j を残りのものとする．S が $\Lambda_k(z)$ に対する固有角領域でないとは S と交わる $\mathrm{Re}(\Lambda_j(z) - \Lambda_k(z))$ の正の角領域が 2 つ以上ということである．たとえば 2 つとする．このとき S の部分開角領域 S', S'' を次のようにとることができる．(1) $S = S' \cup S''$，$S' \cap S'' \neq \emptyset$，(2) S' も S'' も $\mathrm{Re}(\Lambda_j(z) - \Lambda_k(z))$ の正の角領域と交わるが，交わる正の角領域は異なる（すなわち異なる連結成分である）．このとき定理の主張から，S'（または S''）において $T^{(k)}(z)$ に漸近展開される解 $v'(z)$（または $v''(z)$）が一意的に存在する．ところでこの $v'(z)$ と $v''(z)$ が $S' \cap S''$ において一致する保証はまったくない．それは前節の (16.40) において $f_0^{(2)}(z) \neq f_1^{(2)}(z)$ であることから納得できるだろう．これで固有角領域でなければならない理由がわかった．

それでは次に定理を使う立場になって，開角領域 $S = S(\underline{\Theta}, \overline{\Theta}, r)$ がある k に対してあるいはすべての k に対して，$\Lambda_k(z)$ に対する固有角領域となるための十分条件を考えてみよう．k を固定する．任意の $j(\neq k)$ に対して $\mathrm{Re}(\Lambda_j(z) - \Lambda_k(z))$ の正の角領域，負の角領域は開きが $\pi/(q+1)$ で互い違いに並んでいるので，$0 < \overline{\Theta} - \underline{\Theta} \leq \pi/(q+1)$ ならば，S が 2 つ以上の正の角領域と交わることはない．よって，このとき S は $\mathrm{Re}\,\Lambda_k(z)$ に対する固有角領域である．また，S がすべての $j(\neq k)$ に対して $\mathrm{Re}(\Lambda_j(z) - \Lambda_k(z))$ の特性方向をたかだか 1 個しか含まなければ，S は 2 つ以上の正の角領域と交わることはない．特に，S がすべての $j(\neq k)$ に対する $\mathrm{Re}(\Lambda_j(z) - \Lambda_k(z))$ の特性方向を含まないか，あるいはある 1 つの $j(\neq k)$ に対してだけ $\mathrm{Re}(\Lambda_j(z) - \Lambda_k(z))$ の特性方向を 1 つ含むならば，S は $\mathrm{Re}\,\Lambda_k(z)$ に対する固有角領域である．した

がって次の使いやすい定理が成り立つ．

定理 17.4. 次の 2 つの条件のいずれかが成り立てば，開角領域 $S = S(\underline{\Theta}, \overline{\Theta}, r)$ はすべての k に対して $\Lambda_k(z)$ に対する固有角領域である．

(i)　$0 < \overline{\Theta} - \underline{\Theta} \leq \pi/(q+1)$.

(ii)　すべての $j, k (j \neq k)$ に対して定まる $\mathrm{Re}(\Lambda_j(z) - \Lambda_k(z))$ の特性方向の全体を Σ とするとき，S は Σ に属する方向をたかだか 1 つ含む．

最後に定理 17.3 の後半部分の意味を吟味してみよう．開角領域 S がすべての j について $\mathrm{Re}\,\Lambda_j(z)$ に対する固有角領域であるとしよう．たとえば定理 17.4(i) をみたしているとしよう．このとき，定理 17.3 の前半部分から各 j に対して $v^{(j)}(z) \sim T^{(j)}(z)$ $(z \to \infty, z \in S)$ となる (17.1) の解 $v^{(j)}$ が存在する．$\mathrm{Re}(\Lambda_j(z) - \Lambda_k(z))$ の負の角領域が S を含むような j を $j_1, \ldots, j_l$ とする．このとき S の任意の閉部分角領域 $\overline{S'}$ において，任意の $N \in \boldsymbol{Z}_{>0}$ に対して

$$|z|^N |z^{\rho_j - \rho_k}| |\exp(\Lambda_j(z))| / |\exp(\Lambda_k(z))| \to 0, \quad j = j_1, \ldots, j_l \tag{17.32}$$

が $z \to \infty$, $z \in \overline{S'}$ のとき成り立つ．よって，任意の $c_1, \ldots, c_l \in \boldsymbol{C}$ に対して

$$v^{(k)}(z) + \sum_{m=1}^{l} c_m v^{(j_m)}(z) \sim T^{(k)}(z), \quad z \to \infty,\ z \in S \tag{17.33}$$

である．この $c_1, \ldots, c_l$ が定理のいう任意定数に相当するのである．条件 (17.32) のもとでは漸近展開に関して (17.33) が成り立つということは次の節でしばしば用いられるのでよく理解しておいてほしい．

注意 17.3. ページ数の関係で省略せざるをえなかった定理 17.3 の証明は参考書 [2] にある．また (17.4) を仮定しない一般の場合の完全な証明は参考論文 [H] にある．

注意 17.4. まえがきでふれた多変数の合流型超幾何微分方程式に対しては，多変数関数の漸近展開が必要となる，これは大変むずかしいのであるが参考書 [11] が 1 つの解答を与えている．

§18.　ストークス現象とストークス係数

§16 でベッセルの微分方程式の解のストークス現象を観察し，ストークス係数の計算をした．この節では，方程式 (17.1) のストークス現象およびストーク

ス係数についてバーコフの定理を示すことにより説明する．前節の仮定や記号はそのまま継承する．

18.1. ストークス現象とストークス係数

仮定 (17.4) より，任意の $j,k(j \neq k)$ に対して $\mathrm{Re}(\Lambda_k(z)-\Lambda_j(z))$ の特異半直線が $2(q+1)$ 本ある．さらにわれわれは

(18.1) 任意の 2 組 $\{j,k\} \neq \{j',k'\}$ に対して $\mathrm{Re}(\Lambda_k(z)-\Lambda_j(z))$ と $\mathrm{Re}(\Lambda_{k'}(z)-\Lambda_{j'}(z))$ の特異方向は異なる

と仮定する．この仮定のもとですべての特異方向は $mod\ 2\pi$ でちょうど

$$N = n(n-1)(q+1) \tag{18.2}$$

だけあることになる．それらを

$$\theta_0 < \theta_1 < \cdots < \theta_{N-1} \tag{18.3}$$

とする．また

$$\theta_{-1} = \theta_{N-1} - 2\pi,\ \theta_N = \theta_0 + 2\pi,\ \theta_{N+1} = \theta_1 + 2\pi \tag{18.4}$$

と約束する．仮定 (18.1) より $\arg z$ が θ_p を正の向きに越えるとき，$\mathrm{Re}(\Lambda_k(z)-\Lambda_j(z))$ が正から負に変わる (j,k) がただ 1 つ定まる．それを (j_p,k_p) と書くことにする．

さて，各 p に対して開角領域 S_p を

$$S_p = S(\theta_{p-1},\theta_{p+1},r) \tag{18.5}$$

で定義する．S_p はすべての特異方向の中でただ 1 つの特異方向 θ_p を含む開角領域であるので，定理 17.4(ii) より，すべての k に対して $\mathrm{Re}\,\Lambda_k(z)$ に対する固有角領域である．したがって定理 17.3 よりすべての k に対して

$$v^{(k)}(z) \sim T^{(k)}(z), \qquad z \to \infty,\ z \in S_p \tag{18.6}$$

をみたす (17.1) の解 $v^{(k)}(z)$ が存在する．ここで行列 $V(z), T(z)$ を

$$V(z) = (v^{(0)}(z),\ldots,v^{(n-1)}(z)), \quad T(z) = (T^{(0)}(z),\ldots,T^{(n-1)}(z))$$

で定義すると，$V(z)$ は (17.1) の基本系行列で $T(z)$ は (17.25) で定義された (17.1) の形式的基本系行列である．すべての k に対して (18.6) が成り立つとき，S_p において $z \to \infty$ のとき $V(z)$ は $T(z)$ に漸近展開されるといい

$$V(z) \sim T(z), \qquad z \to \infty,\ z \in S_p$$

と表すことにする．

(j,k) 成分が 1 で他の成分は 0 の n 次正方行列を $E(j,k)$ で表すことにすると，示したい定理は次のように述べられる．

定理 18.1. (バーコフの定理) 仮定 (17.4) と (18.1) のもとで，次の (i)，(ii)，(iii) をみたす方程式 (17.1) の $(N+1)$ 個の基本系行列 $V_0(z), \dots, V_{N-1}(z)$，$V_N(z)$ と N 個の定数 $c_1, \dots, c_N$ が一意的に存在する．

(i) $$V_p(z) \sim T(z), \qquad z \to \infty,\ z \in S_p,\ 0 \le p \le N,$$

(ii) $$V_{p+1}(z) = V_p(z)[I + c_{p+1}E(j_{p+1}, k_{p+1})], \quad z \in S_p \cap S_{p+1},$$

(iii) $$V_N(z) = V_0(ze^{-2\pi i})e^{2\pi iR}, \qquad z \in S_N.$$

ここで $i = \sqrt{-1}$，R は (17.22) で定義された対角行列である．

証明をする前にこの定理の主張していることを考えてみよう．まずこの定理の定数 $c_1, \dots, c_N$ が**ストークス係数**といわれるものである．ストークス係数がすべて 0 の場合はストークス現象は起こらないが，そうでない場合はストークス現象が起こることをみておこう．たとえば $c_{p+1} \neq 0$ とする．定理の (ii) から

$$V_p(z) = V_{p+1}(z)[I - c_{p+1}E(j_{p+1}, k_{p+1})],$$

これより $l \neq k_{p+1}$ ならば $v_p^{(l)}(z) = v_{p+1}^{(l)}(z)$ であるので，(i) より $v_p^{(l)}(z)$ は S_p においても S_{p+1} においても $T^{(l)}(z)$ に漸近展開される．しかし $l = k_{p+1}$ に対しては

$$v_p^{(k_{p+1})} = v_{p+1}^{(k_{p+1})}(z) - c_{p+1}v_{p+1}^{(j_{p+1})}$$

であり，定理の (i) と $\arg z$ が方向 θ_{p+1} を正の向きに越えるとき，$\mathrm{Re}(\Lambda_{k_{p+1}}(z)-\Lambda_{j_{p+1}}(z))$ が正から負に変わることから，$v_p^{(k_{p+1})}(z)$ は S_p においては $T^{(k_{p+1})}(z)$ に漸近展開されるが，方向 θ_{p+1} を越えると $-c_{p+1}T^{(j_{p+1})}$ に漸近展開される．すなわち $v_p^{(k_{p+1})}(z)$ については，方向 θ_{p+1} において漸近展開が不連続的に変わるというストークス現象が起こっているのである．

定理のストークス係数 $c_1,\ldots,c_N$ は形式的基本系行列 $T(z)$ のとりかたに依存している．そのとりかたには右側から対角行列 $D=\mathrm{diag}(d_0,\ldots,d_{n-1})\in GL(n,\boldsymbol{C})$ を掛けるという不定性がある．形式的基本系行列 $T'(z)=T(z)D$ をとると基本系行列は $V_p'(z)=V_pD, p=0,\ldots,N$ となり，対応するストークス係数を $c_1',\ldots,c_N'$ とすると

$$c_p'=(d_{k_p}/d_{j_p})c_p \tag{18.7}$$

であることが確かめられる．したがって，独立に与えられる本質的なストークス係数の個数は $N-(n-1)$ 以下であることがわかる．関係式 (18.7) から $c_p\neq 0$ と $c_p'\neq 0$ とが同値であることにも注意しておこう．

定理の (ii) と (iii) より，基本系行列 $V_0(z)$ を半径が十分大きい円上を $\arg z$ が増加する方向に 1 回転する道に沿って解析接続すると，次の行列が右側から掛かるという変換を受けることに注意しておこう．

$$e^{2\pi iR}C_N^{-1}\cdots C_1^{-1}. \tag{18.8}$$

ここで定理の (ii) の式の右辺に現われる変換行列を C_{p+1} とした．

定理 18.1 の解釈の最後に，$c_1=\cdots=c_N=0$ であることと定理 17.1 の形式的べき級数 $P(z)$ が収束することが同値であることをみておこう．$c_1=\cdots=c_N=0$ とする．このとき $V_0=V_1=\cdots=V_N$ であるのでこの等しい基本系行列を $V(z)$ とおき，$V(z)=X(z)z^R\exp(\Lambda(z))$ により行列関数 $X(z)$ を定義する．式 (18.8) より $\arg z$ が 2π 増加したとき $V(z)$ は右側から $e^{2\pi iR}$ を掛ける変換を受ける．したがって，z^R の性質より $V(z)z^{-R}=X(z)\exp(\Lambda(z))$ は $\{|z|>r\}$ $(r\gg 1)$ で 1 価である．もちろん $\exp(\Lambda(z))$ も 1 価であるので $X(z)$ は 1 価である．ところで，定理 18.1,(i) より $X(z)\sim P(z)$ $(z\to\infty)$ であるので，$z=\infty$ は $X(z)$ の除去可能特異点，

すなわち $X(z)$ は $z=\infty$ で正則である．よって $X(z)$ は z^{-1} の収束べき級数に展開できるが，$X(z)\sim P(z)$ $(z\to\infty)$ より，そのべき級数は形式的べき級数 $P(z)$ に一致する．したがって $P(z)$ は収束する．逆に $P(z)$ が収束すれば $V_0(z)=\cdots=V_N(z)=P(z)z^R\exp(\Lambda(z))$，$c_1=\ldots=c_N=0$ とするとこれは定理 18.1 の条件をみたすのでその一意性よりストークス係数はすべて 0 である．この事実は重要であるので定理として与えておこう．

定理 18.2. 定理 18.1 で定義されたストークス係数 $c_1,\ldots,c_N$ がすべて 0 であることと，形式的基本系行列 $T(z)$ が収束すること（すなわち $P(z)$ が収束すること）は同値である．

18.2. バーコフの定理の証明

はじめに記号をいくつか導入しておく．ある角領域 S が $\mathrm{Re}(\Lambda_k(z)-\Lambda_j(z))$ の正の角領域に含まれているとき，S において $(k)>(j)$ と表すことにする．また開角領域 S'_p を

$$S'_p := S_p\cap S_{p+1}=S(\theta_p,\theta_{p+1},r) \tag{18.9}$$

で定義する．

まず $V_p(z)\sim T(z)$ $(z\to\infty,\ z\in S_p)$ をみたす S_p における基本系行列 $V_p(z)$ が与えられたとき，定理の (i), (ii) をみたす S_{p+1} における基本系行列 V_{p+1} と定数 c_{p+1} が一意的に定まることを確かめよう．角領域 S_{p+1} において $T(z)$ に漸近展開される基本系行列を 1 つとり，それを $U(z)$ とし，その第 l 列ベクトルを $u^{(l)}(z)$ とする．これが可能であることは定理 17.3 と定理 17.4,(ii) による．簡単のため S'_p において

$$(0)<\cdots<(s-1)<(s)<(s+1)<(s+2)<\cdots<(n-1) \tag{18.10}$$

で，S'_{p+1} において

$$(0)<\cdots<(s-1)<(s+1)<(s)<(s+2)<\cdots<(n-1) \tag{18.11}$$

であるとする．すなわち $k_{p+1}=s+1$, $j_{p+1}=s$ と仮定する．角領域 S'_p において $V_p(z)\sim T(z)$, $U(z)\sim T(z)$ であり，かつ (18.10) であるので，§16 の最

後の注意から，任意の l に対して

$$v_p^{(l)}(z) = u^{(l)}(z) + \sum_{m=0}^{l-1} a_m^l u^{(m)}(z), \qquad z \in S'_p \tag{18.12}$$

が成り立つ．ここで a_m^l は定数である．さて (18.12) の右辺は $u^{(0)}, \dots, u^{(n-1)}$ の線形結合であるので S'_{p+1} における漸近展開もわかる．関係式 (18.11) に注意すれば，$l \neq s+1$ ならば

$$v_p^{(l)}(z) \sim T^{(l)}(z), \qquad z \to \infty, \ z \in S'_{p+1}$$

である．しかし $l = s+1$ の場合は，$a_s^{s+1} \neq 0$ ならば

$$v_p^{(s+1)}(z) \sim a_s^{s+1} T^{(s)}(z), \qquad z \to \infty, \ z \in S'_{p+1}$$

である．$v_p^{(s+1)}(z)$ に $v_p^{(s)}(z)$ の定数倍を加えて，その S'_{p+1} における漸近展開が $T^{(s+1)}(z)$ になるようにせよというのが定理の (i)，(ii) の要請であるが，それは，$v_p^{(s+1)}(z)$ に含まれている $u^{(s)}(z)$ の項を消すように $v_p^{(s)}(z)$ の定数倍を加えよということである．それは可能かつ一意的で $v_p^{(s+1)}(z) - a_s^{s+1} v_p^{(s)}(z)$ とすればよい．したがって

$$v_{p+1}^{(l)}(z) = v_p^{(l)}(z) \ (l \neq s+1) \quad v_{p+1}^{(s+1)}(z) = v_p^{(s+1)}(z) - a_s^{s+1} v_p^{(s)}(z)$$

とすれば，$V_{p+1}(z) = (v_{p+1}^{(0)}(z), \dots, v_{p+1}^{(n-1)}(z))$，$c_{p+1} = -a_s^{s+1}$ が与えられた $V_p(z)$ に対して定理の (i)，(ii) をみたすように一意的に定まるものである．特異方向 θ_{p+1} を越えるとき大きさの順序が (18.10) から (18.11) に変わるとき，θ_{p+1} において $(s+1)$ が (s) に追い越される，あるいは (s) が $(s+1)$ を追い越すということにする．$V_p(z)$ から次の $V_{p+1}(z)$ へのステップでは追い越されるものだけが変化し，その変化は追い越すものの定数倍を加えることである．

角領域 S_0 において $z \to \infty$ のとき $T(z)$ に漸近展開される基本系行列 $V_0(z)$ をとり，いま示した操作で $V_1(z), \dots, V_N(z)$ を決めれば，定理の (i)，(ii) をみたす基本系行列の列が得られる．したがって残る条件は (iii) である．これをみたすように $V_0(z)$ を選ぶために V_N が V_0 のとりかたに依存しないことを確かめよう．

角領域 S_0 において $T(z)$ に漸近展開される基本系行列を任意に V_0 と U_0 と2つとり，それぞれから決まる基本系行列と定数の列を $V_1,\dots,V_N$，$c_1,\dots,c_N$，$U_1,\dots,U_N$，$c'_1,\dots,c'_N$ とする．$\nu = n(n-1)/2$ としたとき $V_\nu = U_\nu$ となることをいえば十分である．角領域 S'_0 において簡単のため

$$(0) < (1) < \cdots < (n-2) < (n-1) \tag{18.13}$$

の順序になっているとしよう．この順序は $\arg z$ が特異方向 $\theta_1,\dots,\theta_\nu$ を1つずつ越えていくたびに変わる．特異方向を θ_1 から θ_ν までに限っているので，任意の組 (j,k) $(j \neq k)$ に対してある θ_p $(1 \leq \nu)$ がただ1つあって，そこで (j) と (k) の順序が変わり，S'_0 において $(j) < (k)$ であれば θ_p を越えると $(j) > (k)$ と変わる．任意の (j) は，特異方向 $\theta_1,\dots,\theta_\nu$ のどこかで，すべての (k) $(k < j)$ に追い越され，すべての (k) $(k > j)$ を追い越すことに注意しておく．

まず (18.13) より，S'_0 において最小の (0) については $v_0^{(0)} = u_0^{(0)}$．上の考察から (0) は $\theta_1,\dots,\theta_\nu$ を越えるとき追い越されることがないので

$$v_\nu^{(0)}(z) = u_\nu^{(0)}(z), \qquad z \in S_\nu. \tag{18.14}$$

次に2番目に小さい (1) については，ある定数 a があって

$$v_0^{(1)}(z) = u_0^{(1)}(z) + a u_0^{(0)}(z)$$

が S'_0 において成り立つ．(1) が (0) に追い越される特異方向を θ_p とする．考えている範囲で (1) は (0) にしか追い越されることがなく，(0) は他のどれにも追い越されないので $l = 1, 0$ に対して

$$v_0^{(l)} = v_1^{(l)} = \dots = v_{p-1}^{(l)}, \qquad u_0^{(l)} = u_1^{(l)} = \dots = u_{p-1}^{(l)},$$

θ_p を越えるとき

$$v_p^{(1)} = v_{p-1}^{(1)} + c_p v_{p-1}^{(0)}, \qquad u_p^{(1)} = u_{p-1}^{(1)} + c'_p u_{p-1}^{(0)},$$

$$v_p^{(0)} = v_{p-1}^{(0)}, \qquad u_p^{(0)} = u_{p-1}^{(0)}.$$

これらより

$$v_p^{(1)}(z) - c_p v_p^{(0)}(z) = u_p^{(1)}(z) - (c_p' - a)u_p^{(0)}(z). \tag{18.15}$$

ただし $v_p^{(0)}(z) = u_p^{(0)}(z)$．ところで S_p' において $(0) > (1)$ であるので，S_p' において $z \to \infty$ のとき，(18.15) の左辺および右辺はそれぞれ $-c_p T^{(0)}(z)$，$-(c_p' - a)T^{(0)}(z)$ に漸近展開される．よって $c_p = c_p' - a$，したがって

$$v_p^{(1)}(z) = u_p^{(1)}(z), \qquad z \in S_p.$$

この後，$\theta_{p+1}, \ldots, \theta_\nu$ を越えるとき (1) が他のものに追い越されることはないので

$$v_\nu^{(1)}(z) = u_\nu^{(1)}(z), \qquad z \in S_\nu \tag{18.16}$$

である．

一般に，(l) については S_0' において

$$v_0^{(l)}(z) = u_0^{(l)}(z) + \sum_{m=0}^{l-1} a_m u_0^{(m)}(z)$$

と書ける．各特異方向 θ_p を越えるとき，l より小さい m, m' に対して (m) と (m') の順序が変わるならば $a_m, a_{m'}$ の一方の値が変わり，l より小さい m に対して (m) が (l) を追い越すとき a_m が 0 に変わる．これ以外のときにはこの関係式は不変である．以上より任意の l に対して

$$v_\nu^{(l)}(z) = u_\nu^{(l)}(z), \qquad z \in S_\nu,$$

したがって

$$V_N(z) = U_N(z), \qquad z \in S_N. \tag{18.17}$$

定理の (iii) をみたすようにするには，$V_0(z)$ を角領域 S_N において一意的に確定している基本系行列 $V_N(z)$ を用いて

$$V_0(z) = V_N(ze^{2\pi i})e^{-2\pi i R}, \qquad z \in S_0 \tag{18.18}$$

と選べばよい．このように選んだ $V_0(z)$ が S_0 において $T(z)$ に漸近展開されることは容易に確かめられる．これで定理 18.1 の証明が完了した． □

注意 18.1. 線形連立微分方程式 (17.1) の不確定特異点 $z=\infty$ を特徴づけるデータは，定理 17.2 の $\{\Lambda_k(z),\rho_k\}_{k=0}^{n-1}$ とストークス係数 $c_1,\ldots,c_N$ の（同値関係 (18.7) で類別した）同値類である．

有理関数を係数とする連立1階斉次線形微分方程式を与えると，モノドロミー群と各特異点におけるこれらのデータが決まる（ただし (18.8) からわかるようにモノドロミー群の生成元と特異点におけるデータの間にはある整合条件が成り立つ）．この逆問題を**リーマン・ヒルベルト・バーコフの問題**という．これは一般化されたリーマン問題としてバーコフにより提出され（参考論文 [B1]），バーコフ自身によって肯定的に解かれた（参考論文 [B2]）．

問　題　5

1. （周辺積分）　ハンケル関数 $H_\nu^{(1)}(z)$, $H_\nu^{(2)}(z)$ を (16.11) により定義したとき，収束条件 (16.12) が必要であった．この収束条件を落とすことを考える．同じことであるので $H_\nu^{(1)}(z)=(1+e(-\nu))\int_1^{1+\infty e^{ia}}P(z,t)\,dt$ の方を考えることにする．半直線 $\overline{1,1+\infty e^{ia}}$ の周りを負の向きに1回まわる曲線：$t=t(s)$, $-\infty<s<+\infty$ で，$s\to\pm\infty$ のとき $\arg(t(s)-1)\to a$ をみたすものを L とする．$s\gg 1$ に対応する $t(s)$ において，$P(z,t)$ は (16.11) で $H_\nu^{(1)}(z)$ を定義したとき採用した分枝（それを $P_b(z,t)$ と表そう）をとるものとする．このとき

$$H_\nu^{(1)}(z)=(1+e(-\nu))\int_1^{1+\infty e^{ia}}P_b(z,t)dt=\int_L P(z,t)dt$$

となること，積分 $\int_L P(z,t)\,dt$ には収束条件 (16.12) が不要であることを示せ（$\int_L P(z,t)\,dt$ を**周辺積分**という．この曲線 L は問題4の3における2重結びの道に対応している）．

2. （ツイスト・サイクル）　任意に $\varepsilon>0$ をとる．$t(s)=1+se^{ia}$ $(s\geq\varepsilon)$ で表される始点が $1+\varepsilon e^{ia}$ の有向半直線で，その上で分枝 $P_b(z,t)$ をとるものを $\overrightarrow{(1+\varepsilon e^{ia})(1+\infty e^{ia})}$ で表す．また $t=1$ を中心とし，$t=1+\varepsilon e^{ia}$ を始点かつ終点とする半径が ε の正の向きの円周を $S_\varepsilon(1)$ で表す．ただし，始点において分枝 $P_b(z,t)$ をとるものとする．このとき前問の L は

$$-S_\varepsilon(1)+(1-e(-\nu+1/2))\overrightarrow{(1+\varepsilon e^{ia})(1+\infty e^{ia})}$$

にホモトープであることを確かめよ．ここで非整数条件 (16.6) を仮定すると $e(-\nu+1/2)\neq 1$ であるので，この積分路を $(1-e(-\nu+1/2))$ で割ると

$$(e(-\nu+1/2)-1)^{-1}S_\varepsilon(1)+\overrightarrow{(1+\varepsilon e^{ia})(1+\infty e^{ia})}$$

が得られる．これは問題4の4の**ツイスト・サイクル**に対応するものである．

3. バーコフの定理（定理 18.1）の基本系行列 $V_0(z)$ を半径が十分大きな円上を

$\arg z$ が増える方向に 1 回転する道に沿って解析接続すると，行列 (18.8) を右から掛ける変換を受けることを確かめよ．

問題の略解

問題 1

1. 省略.

2. $z = e^{i\theta}$ とすると，$0 \le \theta \le 2\pi$ のとき，$\cos\theta = (z + z^{-1})/2$，$d\theta = dz/(iz)$ であるので求める積分の値を I とおくと，$I = \int_{|z|=1}[1 + e(z + z^{-1})/2]^{-2}(iz)^{-1}dz = (4e^{-2}/i)\int_{|z|=1} z(z^2 + 2e^{-1}z + 1)^{-2}dz$. そこで $f(z) = z(z^2 + 2e^{-1}z + 1)^{-2}$ とおくと，関数論の留数定理より $\int_{|z|=1} f(z)dz = 2\pi i \sum_{|c|<1} \mathrm{Res}_{z=c} f(z)$. $|z| < 1$ 内の $f(z)$ の極は $c_+ := -e^{-1} + (e^{-2} - 1)^{1/2}$ で，その位数は 2 である．$\mathrm{Res}_{z=c_+} f(z) = \lim_{z\to c_+} d[(z - c_+)^2 f(z)]/dz = (e^2/4)(1 - e^2)^{-3/2}$. よって $I = 2\pi(1 - e^2)^{-3/2}$.

3. $\Delta f = \partial^2 f/\partial r^2 + r^{-1}\partial f/\partial r + r^{-2}\partial^2 f/\partial\theta^2$.

問題 2

1. $y(t) := \int_a^t LX(s)\,ds$ とおくと，与えられた不等式より，$dy(t)/dt - Ly(t) \le cL$. この両辺に $e^{-L(t-a)}$ を掛けると $d[y(t)e^{-L(t-a)}]/dt \le cLe^{-L(t-a)}$. $y(a) = 0$ に注意してこの両辺を a から t まで積分すると $y(t) \le ce^{L(t-a)} - c$. これと与えられた不等式 $X(t) \le c + y(t)$ より求める不等式がえられる．

定理 4.1 の解の単独性の証明：解が $x_0(t), x_1(t)$ と 2 つあったとし，その共通の定義区間を J としたとき，J の任意の閉部分区間 $[c, c']$ において $x_0(t) = x_1(t)$ をいえばよい．それには $c = a$ の場合と $c' = a$ の場合をすれば十分である．前者についてだけみておこう．(a, b) を通る解は積分方程式 (4.1) の解であることと，f についてのリプシッツ条件より $\|x_0(t) - x_1(t)\| \le \int_a^t \|f(s, x_0(s)) - f(s, x_1(s))\|\,ds \le L\int_a^t \|x_0(s) - x_1(s)\|\,ds$. ここで $X(t) := \|x_0(t) - x_1(t)\|$ とおくと $0 \le X(t) \le L\int_a^t X(s)\,ds$. よって上で示したことから $0 \le X(t) \le 0 \cdot e^{L(t-a)} = 0$.

2. 前問と同様に証明する．$y(t) := \int_a^t L(s)X(s)\,ds$ とおくと，与えられた不等式は $dy(t)/dt - L(t)y(t) \le c(t)L(t)$ となる．この両辺に $\exp(-\int_a^t L(s)\,ds)$ を掛けると $(d/dt)[y(t)\exp(-\int_a^t L(s)\,ds)] \le c(t)L(t)\exp(-\int_a^t L(s)\,ds)$. これを a から t まで積分し，さらに $\exp(\int_a^t L(s)\,ds)$ を掛けると $y(t) \le \int_a^t c(s)L(s)\exp(\int_s^t L(u)\,du)\,ds$ が得られ，これと与えられた不等式 $X(t) \le c(t) + y(t)$ とから求める不等式が出る．

3. 閉区間 $[a,a']$ に属する有理数全体を A とする．A は可算集合でかつ $[a,a']$ において稠密，すなわち A の閉包は $[a,a']$ である．$A = \{a_1, a_2, \ldots\}$ とする．数列 $\{x_1(a_1), x_2(a_1), \ldots\}$ は仮定より有界であるので，収束する部分列がとりだせる．それを $\{x_{11}(a_1), x_{12}(a_1), \ldots\}$ と表す．次に数列 $\{x_{11}(a_2), x_{12}(a_2), \ldots\}$ を考えると，これも有界であるので収束する部分列 $\{x_{21}(a_2), x_{22}(a_2), \ldots\}$ がとりだせる．このようにして，すべての j に対して関数列 $\{x_{j1}(t), x_{j2}(t), \ldots\}$ を決める．$j < k$ ならば $\{x_{k1}(t), x_{k2}(t), \ldots\}$ は $\{x_{j1}(t), x_{j2}(t), \ldots\}$ の部分列である．そこで $\{x_m(t)\}_{m=1}^{\infty}$ の部分列 $\{x_{m_j}(t)\}_{j=1}^{\infty}$ を $x_{m_j}(t) := x_{jj}(t)$ によって定義すると，これが $[a,a']$ において一様収束するのである．以下これを確かめよう．A の各点 $t = a_l$ において $\{x_{m_j}(a_l)\}_{j=1}^{\infty}$ が収束することに注意しておく．

任意に $\varepsilon > 0$ をとる．$\{x_{m_j}(t)\}_{j=1}^{\infty}$ は仮定より同程度連続であるから $\delta = \delta(\varepsilon) > 0$ が存在して，$|t-s| < \delta$ ならば $|x_{m_j}(t) - x_{m_j}(s)| < \varepsilon$ がすべての j について成り立つ．A が $[a,a']$ において稠密であることより，この δ に対応して L を十分大きくとれば，幅が δ より小さい $[a,a']$ の任意の区間は $a_1, a_2, \ldots, a_L$ のどれかを含むことがわかる．そこで $N_0 = N_0(L,\varepsilon) = N_0(\varepsilon) \in \boldsymbol{N}$ を任意の $j,k \ge N_0$ と任意の $l = 1, \ldots, L$ に対して $|x_{m_j}(a_l) - x_{m_k}(a_l)| < \varepsilon$ となるようにとる．さて $j,k \ge N_0$ とする．任意の $t \in [a,a']$ に対して $|t - a_l| < \delta$ なる a_l, $1 \le l \le L$ をとると $|x_{m_j}(t) - x_{m_k}(t)| \le |x_{m_j}(t) - x_{m_j}(a_l)| + |x_{m_j}(a_l) - x_{m_k}(a_l)| + |x_{m_k}(a_l) - x_{m_k}(t)| < \varepsilon + \varepsilon + \varepsilon = 3\varepsilon$ が得られる．これで $\{x_{m_j}(t)\}_{j=1}^{\infty}$ が $[a,a']$ において一様収束することが示された．

4. $x_1(t) = 1 + \int_0^t s\,ds = 1 + t$, $\quad x_2(t) = 1 + \int_0^t (1+s)\,ds = 1 + t + t^2/2$, 一般に $x_n(t) = 1 + t + \ldots + t^n/n!$. よって $x(t) = \sum_{n=0}^{\infty} t^n/n!$.

5. 関数 $\log(1-z)$ は $|z| < 1$ において正則であること，関数 $(1+w)^{1/(n+1)}$ は $|w| < 1$ で正則であることに注意すればよい．

問題 3

1. (9.10) で与えられる解を並べて $w_0 = e^{\lambda_0 t}, w_1 = te^{\lambda_0 t}, \ldots$ とし，このロンスキー行列式を $W(t) = W(t; w_0, \ldots, w_{n-1})$ とする．任意の $t \in \boldsymbol{R}$ に対して $W(t) \ne 0$ をいうために，ある $a \in \boldsymbol{R}$ に対して $W(a) = 0$ と仮定して矛盾を導く．$W(a) = 0$ ならば線形代数でよく知られているようにすべてが 0 ではない定数 $c_0, \ldots, c_{n-1}$ が存在

して $\sum_{j=0}^{n-1} c_j w_k^{(j)}(a)=0$ がすべての $k=0,\ldots,n-1$ に対して成り立つ．そこで文字 X の多項式 $M(X)=\sum_{j=0}^{n-1} c_j X^j$ を考えると，すべての k に対して $M(d/dt)w_k=0$ である．これと $M(d/dt)w_0=M(\lambda_0)w_0$, $M(d/dt)w_1=M'(\lambda_0)w_0+M(\lambda_0)w_1,\ldots$ と $w_0(a)\neq 0$ より，$M(\lambda_0)=M'(\lambda_0)=\cdots=M^{m_0-1}(\lambda_0)=0$. よって λ_0 は $M(X)=0$ の m_0 重根である．同様に，すべての $k=0,\ldots,p-1$ に対して λ_k は $M(X)=0$ の m_k 重根である．もちろん $\sum_{k=0}^{p-1} m_k=n$ だから $M(X)$ は n 次以上でなければならない．これは $M(X)$ がたかだか $(n-1)$ 次ということと矛盾する．

2. (1) e^t, e^{-t} $e^{-t/2}$. (2) e^{2t}, e^{-t}, te^{-t}. (3) e^t, te^t $e^{\sqrt{2}it}$, $e^{-\sqrt{2}it}$，実数値解としては e^t, te^t $\cos\sqrt{2}t$, $\sin\sqrt{2}t$. (4) e^{it}, te^{it}, e^{-it}, te^{-it}，実数値解としては $\cos t$, $\sin t$, $t\cos t$, $t\sin t$.

3. (1) $e^tc^0+e^{-t}c^1+e^{2t}/3$ (c^0,c^1 は任意定数)．(2) $\nu\neq 1$ のとき $(\cos t)c^0+(\sin t)c^1+(\cos\nu t)/(1-\nu^2)$，$\nu=1$ のとき $(\cos t)c^0+(\sin t)c^1+(t\sin t)/2$, ($c^0,c^1$ は任意定数)．

4. $\mu<0$ のときすべての正整数 l に対して，$t\to\infty$ のとき，$t^le^{\mu t}\to 0$ であることと，実数値解の基底の形 (9.11), (9.12) から示される．

5. 初期条件 $x(0)=b$, $y(0)=c$ をみたす解は $x(t)=be^{\mu_0 t}$, $y(t)=ce^{\mu_1 t}$ である．まず原点は動かないことがわかる．$(b.c)$ が原点以外の x 軸または y 軸の上にある場合，そうでない場合に分けて軌道を調べよ．

6. 極座標 $(r.\theta)$ を用いると与えられた微分方程式は $dr/dt=\mu r$, $d\theta/dt=\nu$ となるので，初期条件 $r(0)=r_0$, $\theta(0)=\theta_0$ をみたす解は $r(t)=r_0\exp(\mu t)$, $\theta(t)=\nu t+\theta_0$ と表される．原点は動かない点で，原点以外の点を通る解の軌道はすべて原点の周りを正の方向に回転する曲線で，(1) の場合は半径が増大し，(2) の場合は半径が 0 に収束し，(3) の場合は半径は不変すなわち円である．(1),(2) の曲線をスパイラルという．

7. 前半は定理 10.11 より直ちに確かめられる．後半：(10.10) に変換 $w=p(t)u$ をほどこすと，$p(t)d^nu/dt^n+[np'(t)+a_1(t)p(t)]d^{n-1}u/dt^{n-1}+\ldots=0$ となる．$ndp/dt+a_1(t)p=0$ を解くと $p(t)=\exp[-(1/n)\int^t a_1(s)ds]$. ここで積分の下端は何であってもよい．

8. 基本系行列を適当にとれば（すなわち右側から行列式が 0 でない適当な定数行列を掛ければ）(10.23) の M も Λ も上 3 角型のジョルダン標準形にとることができる．このとき M の固有値（特性乗数）の絶対値がすべて 1 より小さいことと Λ の固有値（特性指数）の実部がすべて負であることが同値である．このことと §9 で調べた $\exp(\Lambda t)$ の性質から示すべき命題が確かめられる．

9. (1),(3) と (2) の $\Leftarrow$ は計算で確かめられる．(2) の $\Rightarrow$ を示そう．$u=w''/w'$ とおくと条件は $u'-u^2/2=0$ である．$u\equiv 0$ ならば $w''=0$ であるので $w=$

$az+b\ (a,b \in \boldsymbol{C})$. ここで $w' \neq 0$ より $a \neq 0$. $u \neq 0$ ならば $du/u^2 = dz/2$ より $u = -2/(z+c_1)\ (c_1 \in \boldsymbol{C})$. $u = (\log w')'$ より $w' = -c_2/(z+c_1)^2\ (c_2 \in \boldsymbol{C}, c_2 \neq 0)$. よって $w = [c_3 z + (c_1 c_3 + c_2)]/(z+c_1)\ (c_3 \in \boldsymbol{C})$. しかも $c_3 c_1 - (c_1 c_3 + c_2) = -c_2 \neq 0$.

問題 4

1–4. 省略.

5. $B_3(\alpha,\beta,\gamma+1)H_3(\alpha,\beta,\gamma) = L(\alpha,\beta,\gamma) + c_3(\alpha,\beta,\gamma)$ と $H_3(\alpha,\beta,\gamma)B_3(\alpha,\beta,\gamma+1) = L(\alpha,\beta,\gamma+1) + c_3(\alpha,\beta,\gamma)$ を確かめ，本文と同様の論法で証明する.

6. 一般の微分方程式 $d^2w/dz^2 + a_1(z)dw/dz + a_2(z)w = 0$ の線形独立な解 w_0, w_1 に対して $v = w_1/w_0$ とおいたとき v のシュワルツ微分 $\{v; z\}$ の公式をまず求める. $vw_0 = w_1$ を 2 回続けて微分すると $v'w_0 + vw_0' = w_1'$，$v''w_0 + 2v'w_0' + vw_0'' = w_1''$. w_0, w_1 が上の微分方程式の解であることに注意して，この 3 つの式にそれぞれ $a_2(z), a_1(z), 1$ を掛けて加えて変形すれば，$v''/v' = -a_1(z) - 2w_0'/w_0$ が得られる. これをさらに微分して w_0 が上の微分方程式の解であることを用いると $[v''/v']' = -a_1(z)' + 2a_2(z) + 2[(w_0'/w_0)^2 + a_1(z)(w_0'/w_0)]$. これより $\{v; z\} = 2a_2(z) - a_1(z)' - a_1(z)^2/2$ が得られる. ガウスの超幾何微分方程式 $E(\alpha,\beta,\gamma; z)$ にこの公式を適用すると $\{v; z\} = (1/2)[(1-\lambda^2)/z^2 + (1-\mu^2)/(z-1)^2 + (\lambda^2 + \mu^2 - \nu^2 - 1)/z(z-1)]$ を得る. ここで$\lambda^2 = (1-\gamma)^2, \mu^2 = (\gamma-\alpha-\beta)^2, \nu^2 = (\alpha-\beta)^2$ である.

7. 省略.

8. (14.20) を示すためには $w = w(z)$ が (14.15) の解であるとき，変換 $[(z-c_1)/(z-c_3)]^\alpha[(z-c_2)/(z-c_3)]^\beta w = v$ により v に関する微分方程式がどのようになるかを丁寧に確かめればよい. (14.21) についても同様である.

9. 省略.

10. $a_1(z), \ldots, a_n(z)$ の $\boldsymbol{C}$ における特異点全体を $P = \{p_1, \ldots, p_m\}$ とし $D = \boldsymbol{C} - P$ とする. $Lw = 0$ が $z = \infty$ にも確定特異点をもつと仮定しても一般性を失わないのでそうする. 点 $a \in D$ を一つ固定し $Lw = 0$ の a の近傍における解全体を $V = V_a$ とする. $[L] \in \pi(D,a)$ に対して $w \in V$ の L に沿っての解析接続を $\rho_{[L]}w$ とすると，$\rho_{[L]}w \in V$ である.

モノドロミー群が可約であるので V の真の線形部分空間 $U \neq \{0\}$ で任意の $[L] \in \pi(D,a)$ に対して $\rho_{[L]}U \subset U$ となるものが存在する. U の基底 $w_0, \ldots, w_{n_1-1}$ を選ぶ. w を未知関数とし，第 0 行が $(w, w_0, \ldots, w_{n_1-1})$，第 1 行が $(w', w_0', \ldots, w_{n_1-1}')$, ..., 第 n_1 行が $(w^{(n_1)}, w_0^{(n_1)}, \ldots, w_{n_1-1}^{(n_1)})$ である (n_1+1) 次正方行列を W とし $\det W = 0$ を第 0 列においてラプラス展開すると $B_0(z)w^{(n_1)} + \cdots + B_{n_1-1}(z)w' + B_{n_1}(z)w = 0$ が得られる. 関数 $B_0(z)$ が恒等的に 0 でなければ，これは $w_0, \ldots, w_{n_1-1}$ を解に

もつ n_1 階斉次線形微分方程式である．ここで $B_j(z)$ は W から第 (n_1-j) 行と第 0 列を取り除いた n_1 次正方行列 W_{n_1-j} の行列式に $(-1)^{n_1-j}$ を掛けたもの，すなわち行列 W の第 $(n_1-j,0)$ 余因子である．

ここで $B_0(z)$ が恒等的に 0 でないことを勝手な確定特異点 $p=p_k$ における解の様子を調べることによってみておこう．$z=p$ における特性べき数を $\rho_0,\dots,\rho_n$ とする．このどの 2 つの差も整数でない場合は，番号を適当につけかえて，特性べき数 $\rho_0,\dots,\rho_{n_1-1}$ に対応する (13.19) の形の n_1 個の解を U の基底に取ることができることに注意する．このとき $B_0=(z-p)^{\rho_0+\cdots+\rho_{n_1-1}-n_1(n_1-1)/2}(-1)^{n_1(n_1-1)/2}\prod_{i<j}(\rho_i-\rho_j)(1+O(z-p))$ であるので $z=p$ の近くで 0 でない．整数差のものがある場合は複雑であるが同様に確かめられる．

そこで $b_j(z)=B_j(z)/B_0(z)$，$L_1=(d/dz)^{n_1}+b_1(z)(d/dz)^{n_1-1}+\cdots+b_{n_1}(z)$ とおく．任意の $[L]\in\pi(D,a)$ に対してある $M([L])\in\mathrm{GL}(n_1,\boldsymbol{C})$ が存在して $\rho_{[L]}(w_0,\dots,w_{n_1-1})=(w_0,\dots,w_{n_1-1})M([L])$ であるので，すべての正整数 h に対して $\rho_{[L]}(w_0^{(h)},\dots,w_{n_1-1}^{(h)})=(w_0^{(h)},\dots,w_{n_1-1}^{(h)})M([L])$，したがってすべての $b_j(z)$ は D において 1 価である．また $w_0,\dots,w_{n_1-1}$ は $P\cup\{\infty\}$ にたかだか確定特異点をもつので $b_j(z)$ は z の有理関数である．ただ $B_0(z)$ が D 内の点 $Q=\{q_1,\dots\}$ に零点をもつかもしれないので $b_j(z)$ は Q 上に極をもつかもしれない．それは見掛けの特異点である．

さて上の L,L_1 に対して $L_2=(d/dz)^{n_2}+c_1(z)(d/dz)^{n_2-1}+\cdots+c_{n_2}(z)$ とおいて $L=L_2L_1$ を書き下すと $a_1=b_1+c_1$，$a_2=b_2+c_2+n_2b_1'+c_1',\dots$ を得る．これより L_2 も $P\cup Q\cup\{\infty\}$ にたかだか確定特異点をもつフックス型微分作用素であることがわかる．

問題 5

1,2. 省略．

3. 定理 18.1 の (ii) より $V_1(z)=V_0(z)C_1$ $(z\in S_0\cap S_1)$ であるので，$V_0(z)$ の S_1 への解析接続は $V_1(z)C_1^{-1}$ である．これをさらに S_2 へ解析接続するために $V_1(z)$ の S_2 への解析接続を考える．ところで $V_2(z)=V_1(z)C_2$ $(z\in S_1\cap S_2)$ より，$V_1(z)$ の S_2 への解析接続は $V_2(z)C_2^{-1}$ である．よって $V_0(z)$ の S_2 への解析接続は $V_2(z)C_2^{-1}C_1^{-1}$ である．同様にして $V_0(z)$ の S_N への解析接続は $V_N(z)C_N^{-1}\cdots C_1^{-1}$ $(z\in S_N)$ であることがわかる．

さて S_N 上の関数 V_N を S_0 上の関数 V_0 で表そう。$z\in S_0$ のとき $ze^{2\pi i}\in S_N$ であるので定理の (iii) から $V_N(ze^{2\pi i})=V_0(z)e^{2\pi iR}$ $(z\in S_0)$ である．

以上より $V_0(z)$ $(z\in S_0)$ を $\arg z$ が増える方向に 1 回転する道に沿って解析接続

したものは

$$V_0(z)e^{2\pi iR}C_N^{-1}\cdots C_0^{-1} \quad (z\in S_0)$$

と表されることがわかった．

参 考 書

常微分方程式の入門書として基礎定理から懇切丁寧に書かれた優れた書物として

[1] 木村俊房：常微分方程式（共立数学講座），共立出版，1974

をあげておく．本書の前半部（第2章，第3章）の枠組みは [1] および以下の [2]，[3] と基本的に同じである．

本書の後半部（第4章，第5章）と関係のある書物は数多くあるが

[2] 福原満洲雄：常微分方程式　第2版（岩波全書），岩波書店，1980

[3] 福原満洲雄：常微分方程式（岩波全書），岩波書店，1950

[4] 木村俊房：常微分方程式 II（岩波講座基礎数学），岩波書店，1977

[5] K. Iwasaki, H. Kimura, S. Shimomura and M. Yoshida: From Gauss to Painlevé, Vieweg, 1991

[6] 大久保謙二郎：On the Group of Fuchsian Equations（都立大学数学教室セミナー報告），東京都立大学理学部数学教室，1987

[7] 大久保謙二郎，河野実彦：漸近展開（シリーズ新しい応用の数学），教育出版，1976

[8] 渋谷泰隆：複素領域における線形常微分方程式（紀伊国屋数学叢書），紀伊国屋書店，1976

[9] W.W. Golubev: Vorlesungen über Differentialgleichungen im Komplexen, Veb Deutscher Verlag der Wissenschaften, Berlin, 1958

[10] 岡本和夫：パンルヴェ方程式序説（上智大学講究録），上智大学理工学部数学教室，l985

[11] H. Majima: Asymptotic Analysis for Integrable Connections with Irregular Singular Points, Lect. Notes Math., **1075**, Springer, 1984

[12] M. Yoshida: Fuchsian Differential Equations, Vieweg, 1987

および

[13] 犬井鉄郎：特殊関数（岩波全書），岩波書店，1962

[14] A.Erdélyi (ed.): Higher Transcendental Functions I–III, McGraw-Hill, 1953
[15] E.T. Whittaker and G.N.Watson: A Course of Modern Analysis, Cambridge Univ. Press, 1969
[16] G.N.Watson: Theory of Bessel Functions, 2nd edition, Cambridge Univ. Press, 1966

をあげておく．[2] は基本的に本書の内容を含む本書より高度な書物である．[3] は [2] の前の版で絶版となっている．非線形微分方程式の優れた解説がある．その補遺は長い間常微分方程式の研究に強い影響を与えてきた．[4] は全微分方程式の複素解析的取り扱いや葉層構造などを論じたものである．[5] はガウスの超幾何微分方程式の現代的視点からの優れた解説のほか，パンルヴェの微分方程式，その多変数への拡張であるガルニエの微分方程式など重要な非線形微分方程式の最新の結果の解説をしたものである．本書を読まれた方は是非 [5] に目を通されるようお薦めする．パンルヴェの微分方程式については [10] もお薦めしたい．[6] は本書 §14 で大久保の微分方程式として紹介したものの大久保氏自身の解説書である．[7] は 2 点接続問題を解くために漸近展開に関する独創的な手法を開発した著者自らがその手法を中心に漸近展開，ストークス現象について解説したものである．[8] は広い意味の接続問題を中心に線形微分方程式のイントリンシックな取り扱いを説明したもので，本書の本文中でも何度か引用した．[9] は複素領域における微分方程式の重要な問題のほとんどすべてを論じた貴重な書物である．[11]，[12] は多変数超幾何微分方程式とその合流型に関連する優れた書物である．

[13] から [16] は特殊関数そのものに関するものである．本書の §16 を書くにあたっては [16] を参考にした．

最後に本書では扱わなかった常微分方程式の他の理論に関するものを若干あげておく．[18] は一般的な教科書としても定評がある．

[17] 齋藤利弥：力学系入門（基礎数学シリーズ），朝倉書店，1972
[18] コディントン・レヴィンソン（吉田節三訳）：常微分方程式論（上）（下），吉岡書店，1968
[19] V.V. Nemytskii and V.V. Stepanov: Qualitative Theory of Differential Equations, Princeton Univ. Press, 1956

参 考 論 文

本文で引用した論文を念のためあげておく．

[B1] G.D. Birkhoff: Singular points of ordinary linear differential equations, Trans. Amer. Math. Soc., **10**(1909), 436–470.
[B2] G.D. Birkhoff: The generalized Riemann problem for linear differential equations and the allied problems for linear difference and q-difference equations, Proc. Amer. Acad. Arts and Sci., **49**(1913), 521–568.

[H] M. Hukuhara: Sur les points singuliers des équations différentielles linéaires III, Mem. Fac. Sci. Kyushu Univ., **2**(1941), 125–137.

[O] M. Ohtsuki: On the number of apparent singularities of a linear differential equation, Tokyo J. Math., **5**(1982), 23–29.

[S] 齋藤利弥：Riemannの問題，数学，**12**(1961), 145–159.

[Y] M. Yoshida: Euler integral transformations of hypergeometric functions of two variables, Hiroshima Math. J., **10**(1980), 329–335.

索　　引

あ　行

か　行

さ　行

た 行

な 行

は 行

ま　行

や　行

ら　行

わ　行

著者略歴

高野恭一（たかのきょういち）

1943年　長野県に生まれる

1965年　東京大学理学部数学科卒業

現　在　神戸大学教授・理学博士

朝倉復刊セレクション

常微分方程式

新数学講座 6　　　定価はカバーに表示

1994年 2月 20日　初版第1刷

2019年 12月 5日　復刊第1刷

2021年 5月 25日　　第2刷

著　者　高　野　恭　一

発行者　朝　倉　誠　造

発行所　株式会社　朝　倉　書　店

東京都 新宿区 新小川町 6-29

郵便番号　162-8707

電　話　03(3260)0141

FAX　03(3260)0180

http://www.asakura.co.jp

〈検印省略〉

三美印刷・渡辺製本

ISBN 978-4-254-11844-5　C 3341　　Printed in Japan